利己的細胞

遺伝子と細胞の闘争と進化

帯刀益夫

新曜社

はじめに

宇宙論では、「我々がここにいて観測できるように世界は微調整されている」という仮説を「人間原理」と呼んでいます。最近の宇宙論では、ユニバースだけでなく、マルチバース、つまりたくさんの宇宙が並行して存在し、その中に、知能を持つ「生命体」が生まれたことで観測ができるようになった宇宙が、ユニバースとしてその実在が確認されるという説もあります。このような宇宙論の暫定的定義によれば、「生命体」なるものは、「ダーウィン進化が可能な化学システム」ということになるといいます。

我々人間は、この「生命体」の1つの姿としてこの宇宙に存在しています。リチャード・ドーキンスは、『利己的遺伝子』（*The Selfish Gene*）の冒頭で、「ある惑星上で知的な生物が成熟したといえるのは、その生物が自己の存在理由をはじめてみいだしたときである」と述べ、地球外生物と邂逅できるようになった時、お互いに問い合うのは「進化ということを知っているか」になるだろうと述べています。

実際、地球上の生物は、30億年ものあいだ、自分たちがなぜ存在するかを知ることもなく生き続けてきたのですが、ダーウィンの進化論によって、我々の存在理由について筋の通った説明が可能になったのです。ダーウィンの進化学説の現代的理解では、地球上のすべての生物種は単純なものから始まり、自然選択を受けて進化してきた、それは、どの種の中でも、ある個体が他の個体より生存能力の高い子孫を残したものが自然選択を受けて、より次世代の子孫を増殖させる、そして、その原因をなすものが「遺伝子」である、ということになります。

『利己的遺伝子』は1976年に出版されると、「生物界を操る利己的遺伝子の真相に迫る天才的生物学者の洞察が世界の思想界を震撼させる」として、世界各国で翻訳され、大ベストセラーとなりました。ここで遺伝子に「利己的」という言葉を使う論理的根拠ですが、ドーキンスは、進化の決定的な論理によって自然選択がはたらいて、その結果として「必然的に利己的となる実体」は、生命の階層構造のレベルのうち「遺伝子」でなければならないと結論し、ダーウィニズムのメッセージは、「利己的遺伝子」という概念でより簡潔に説明できるのだとしています。

ドーキンスは、「利己的」の意味を、遺伝子が親から子供へと連綿と伝わってゆく「本性」のことだと定義した上で、「連綿と生きつづけていくのは遺伝子であって、個人や個体はその遺伝子の乗りもの（vehicle）であり、遺伝子に操られたロボットにすぎない」と主張しました。

ドーキンスは「利己的遺伝子」を「比喩的」に用いているのですが、そうすることによって一般の読者に、現代の進化学説としての「統合進化学説」（ダーウィンの進化論とメンデルの遺伝学を統合した理論）のエッセンスを理解させることに貢献しました。しかし一方でドーキンスは、現代の分子遺伝学の理論に基づくと、一般の人びとの理解と遺伝子の実体とのあいだに混乱を招いてしまっていることも事実です。

現代の「統合進化学説」では、生物種の集団中に偶然に遺伝子変異が起きて、その中から、ある環境において、生存に有利な変異遺伝子を持つ個体だけが選択を受けて生き残り、子孫を増やすのだと説明しています。実際、21世紀初頭のヒトゲノム解読をはじめとして、これまでたくさんの生物種のゲノムが解読され、こうしたゲノムの分析から、個々の遺伝子が自然選択を受けたことを示す証拠がいくつか報告されるようになりました（ゲノムとは、遺伝情報の全体を指す言葉です）。

細菌のような単細胞生物は、1個の細胞が1個の命として生きています。そこで、ドーキンスのいう「乗り物」とは、「細胞」のことだと解釈できます。我々人間の個体は、およそ60兆個の細胞でできていて、「利己的遺伝子」を乗せた「細胞」の集合体です。したがって、「細胞は利己的遺伝子に操られたロボットだ」ということになります。細胞生物学や分子生物学の研究に携わってきた私は、この考え方に疑問を抱きました。そこで、本当に「細胞は利己的遺伝子に操られたロボット」として進化してきたのかを、現代の細胞生物学や分子遺伝学の研究成果をもとに、再検討してみようと考えました。

というのも、「生き物」がどのように自然の選択圧という外圧を克服して進化を遂げてきたかを考えると、そこには、選択圧に抗するために、「利己的遺伝子」と「細胞」が対立し、相克しあう戦いがあり、それが「細胞」の内部矛盾となり、この矛盾を解決して初めて、「生き物」として安定に、しかも持続的に繁栄できるように進化してきたと考えることができるからです。

具体例として、もっとも単純な「利己的遺伝子」と「乗り物」であると想定できるプラスミドDNAやバクテリオファージ（ウイルス）を「利己的遺伝子」、細菌を「乗り物」と見立てて、その関係に注目してみましょう。すると、「利己的遺伝子」は確かに「乗り物」を操り、子孫の拡大を図ることに成功しますが、「乗り物」としての細菌は、「利己的遺伝子」を、その生存を守るための道具として「操り」、最終的に細菌の進化に貢献させることがわかりました。

ヒトをはじめとする多細胞生物は真核細胞という細胞の集団ですが、真核細胞は、偶然生じた2つの細菌の融合によるゲノム闘争によって生じた歴史があります。真核細胞の成立の進化過程を覗いてみると、細菌間のゲノム闘争という利己的争いの中で、お互いのゲノムの利害の調整を図り、ミトコンドリアなどの細胞内オルガネラ（細胞内部の機能的構造体）の発達やゲノムの増量、染色体の形成などを起こし、現在の真核細胞を出現させたことがわかりました。

こうした細胞進化の歴史をたどると、ゲノムを生存システムとして操作した「細胞という乗り物」が、自然選択を乗り越えたことがわかりました。そして、細胞の進化の本質は、後で詳しく述べますが、細菌から真核細胞に至るまで、その基本原則は、細胞が利己的遺伝子の「他殺装置」を「自殺装置」に変えるための「抑制装置」の改善にあったとみることができます。それは、「葉隠」の「武士道とは死ぬことと見つけたり」という精神と共鳴するものであり、「死を賭して生きる」ことが、生き物の真の姿だとも言えるのです。

そして「利己的遺伝子」の本性を知った人間は、「遺伝子操作」や「ゲノム編集」、ES細胞やiPSと細胞という細胞操作などの技術を生み出して「利己的遺伝子」を操り、他の生物種の品種改良はもとより、自己の改善も具体化できる時代となりました。

このように、「利己的遺伝子」と「乗り物」としての細胞の闘争という見方をすると、我々が今ある姿の始まりとなった始原細胞がどのように誕生したかを含めた細胞進化の歴史の本質がクローズアップされてきます。細胞進化の歴史は、ゲノム進化によって支えられていますが、一連の出来事の解釈は、「利己的遺伝子」が細胞を操るというより、細胞が利己的に遺伝子を操って、自然の選択圧を乗り越えてきたという見方のほうが正しいと思えてきたのです。

そこで私は、「必然的に利己的となる実体」とは、「遺伝子」よりも「細胞」の方が妥当だという結論に達しました。こうした「利己的細胞」の考え方に立つと、20世紀の遺伝学の主流である「統合進化仮説」には、現代のゲノム科学や細胞生物学の成果を取り入れた修正が必要であることもわかりました。

そして、「利己的遺伝子」と乗り物としての「細胞」とのあいだで繰り広げられた絶え間ない軍拡競争の歴史の結果として、今我々が宇宙の一員として存在することを考えたとき、偶然から必然になった生物進化の歴史を経た結果としての自分の存在が、いかにかけがえのないものであるかに気づかされます。

目次

装幀＝新曜社デザイン室

第1章　利己的遺伝子と乗り物の戦い

「遺伝子」と「細胞」とは

利己的遺伝子と乗り物の関係を説明する前に、「遺伝子」と「細胞」の現代的理解を簡単に説明します。

細菌から我々ヒトまで含めて、すべての生物の生きている基本的単位は「細胞」という形をとっています。「細胞」という名称は、17世紀にオランダのレーウェンフック（Antonie van Leeuwenhoek）が顕微鏡で植物組織を観察し、細胞壁で区画された単位で構成されたものを名付けたのが最初です。動物細胞を模式的に説明すると、細胞は細胞膜で囲まれた袋であり、その中は細胞質と呼ばれ、中心に核があり、この中に染色体があります。染色体の中に遺伝子であるＤＮＡが含まれています。細胞質にはミトコンドリアなどのオルガネラと呼ばれる構造物があり、細胞質には沢山の酵素などタンパク質が局在しています。細菌などの原核細胞では、オルガネラなどはなく、細胞膜に囲まれた細胞質と

DNAが含まれた単純な構造をとっています。

この細胞はそれ自体が1つの自律的な生き物であり、この細胞は「代謝」と「遺伝（あるいは増殖）」という2つの基本的な特性を持っています。細胞分裂により、親と同じ2つの娘細胞は当然同じ遺伝子を持つことになりますが、そのためには遺伝子の複製、つまり、1つの遺伝子から全く同じもう1つの遺伝子を作り出すことが必要です。この複製により、全く同じ2つの遺伝子を作り、細胞分裂後の2つの娘細胞に分配することにより、同じ遺伝子を持つ2つの細胞が出来上がります。ワトソン（James Dewey Watson）とクリック（Francis Harry Compton Crick）によるDNA分子の二重らせんモデルは、遺伝子の複製のメカニズムをよく説明できるモデルです。

1つの細胞が細胞分裂により2つになったとき、それぞれの細胞は遺伝子だけでなく、その生体構成成分も同じでなければなりません。遺伝子はその情報として、酵素などすべてのタンパク質の1次情報であるアミノ酸配列を決定する情報を持っています。細胞はタンパク質のほかに核酸や脂質なども含んでいますが、タンパク質以外のこれら生体物質は遺伝情報にはコードされてはいなくて、これらすべての生体物質は、酵素のはたらきによってその前駆体となる化学物質から生合成されます。つまり、遺伝子はタンパク質だけ作り出す情報を備えていれば、細胞分裂により、2倍量の細胞を作り出すのに必要な他の生体構成物質は、タンパク質のはたらきですべて調達できるのです。

遺伝子DNAの情報からタンパク質を作るためには、DNAからメッセンジャーRNAへと転写が起き、このメッセンジャーRNAの情報は細胞内の構造体であるリボソーム上でアミノ酸の配列情報へと翻訳され、アミノ酸が重合されて、タンパク質が合成されます。この遺伝子からタンパク質ができるまでの過程を、遺伝子情報の発現と呼びます。

1つの遺伝子は基本的に1つのタンパク質の情報を担っていて、これをタンパク質の構造をコードしているという意味で、構造遺伝子とも呼びます。個々のタンパク質はそれぞれ特異的な構造と生理機能を持っていて、それが酵素反応の特性を決定しています。この特異性は、20種類のアミノ酸の配列の仕方の違いによって決まっています。この情報発現によって、遺伝子上の遺伝形質がタンパク質の機能的な特性という形で表現形質として表れるのです。

DNAは4つの塩基（アデニン（A）、チミン（T）、グアニン（G）、シトシン（C））でできていて、3つの塩基が1つのアミノ酸に対応する遺伝暗号（コード）としてはたらきます。遺伝情報とは、このアミノ酸の配列順序を指令する（コードする）核酸塩基の配列のことです。遺伝暗号は、細菌、植物、ヒトを含む動物などすべての生物で共通のものが使用されています。

ヒトの遺伝子、あるいはタンパク質の数は、およそ2万個と推定されています。このように膨大な数のタンパク質の細胞内の濃度はまちまちであり、細胞当たり数万個もあるものから、数分子しかないタンパク質まで大きな違いがありますが、それぞれのタンパク質の数の違いは、遺伝子の発現の違いによって起きています。この遺伝子発現の調節のために、それぞれの遺伝子はタンパク質をコードする構造遺伝子とともに、この遺伝子を調節する調節遺伝子とセットで存在し、転写の段階で発現量を調節しますが、その際転写因子（巻末用語解説参照）と呼ばれるタンパク質がはたらきます。

ヒトの身体はおよそ60兆個の細胞でできていて、脳、肝臓、腎臓というように、いろいろな組織を構成している細胞は、それぞれ機能や形態が異なります。このように多様で膨大な細胞でできているヒトの個体も、1つの細胞である受精卵から細胞が分裂を繰り返して作り出されます。

「利己的遺伝子」と「乗り物」とは

ドーキンスは、「利己的」の意味を、遺伝子が親から子供へと連綿と伝わってゆく「本性」のことだと定義しています。また、「遺伝子を、何代も続く可能性がある染色体の小さな小片と定義して、この本に『利己的な遺伝子』という表題をつけたのである」と述べていますので、利己的遺伝子は「ゲノム」、「染色体」、あるいは、全体よりさらに小さい「ある程度の遺伝子の集団」、ということになりそうですが、実体として突きつめてゆくと、やはりあいまいなままです。

私は、本書で、ドーキンスが「利己的遺伝子」を最も単純な形で表現した「自己複製子」つまり、「自己の子孫を増やすことに貢献する遺伝物質の単位」として扱います。それは、この表現が「利己的遺伝子」の実体を現在の生物の中で最も想起しやすいからであり、それが単一の遺伝子であれ、いくつかの遺伝子のセットであれ、「利己的遺伝子」として扱います。その都度、特定の名称をもって登場しますが、「利己的遺伝子」という特性を備えていて、何らかの形で「乗り物」を操ることができる実体です。

ドーキンスはまた、「連綿と生きつづけていくのは遺伝子であって、個人や個体はその遺伝子の乗りもの（vehicle）であり、遺伝子に操られたロボットにすぎない」と述べています。行動生物学者のドーキンスは、「利己的遺伝子」の「乗り物（vehicle）」としては、主として「動物個体」のことを議論しています。vehicle という用語は、「乗り物（carriage）」という意味とともに、「容器（vessel）」という意味もあります。「遺伝子」と「細胞」の関係を考えると、vehicle は「容器」の方がふさわしいようにも思いますが、本書では、『利己的遺伝子』の日本語訳にならって、すべて「乗り物」という表現を使うことにします。

また、先に説明した「遺伝子」と「細胞」の現代的理解に対応して、利己的遺伝子と乗り物を厳密に解釈して、「細胞」が「乗り物」だという立場で議論を進めてゆきます。

「遺伝子」と「細胞」の関係から明らかなように、「利己的遺伝子」と「乗り物」は、両者がセットでなければ「生き物」として存在できません。それゆえ、ドーキンスも、「利己的遺伝子」を比喩的であいまいな概念として示し、実体としては「利己的遺伝子」を「遺伝子」や「DNA」そのもののように表現し、「乗り物」である「個体」を「利己的遺伝子」の「表現体」のように表現せざるをえないのです。だから、「細胞」も「利己的遺伝子」の1つの「表現体」だといえます。そして、地球上のすべての「生き物」は、「細胞」の形以外には存在しないのです。もちろん、「個体」は「細胞」の集まりですので、どちらも「利己的遺伝子の表現体」として問題ありませんし、「自己複製子」の表現としても問題はありません。

典型的な利己的遺伝子としての多剤耐性因子

これまで述べてきた遺伝子やＤＮＡが利己的に振る舞い、自己を子孫へと伝えてゆくということから、利己的遺伝子とはどんなものかの概念的な理解はできたとしても、利己的遺伝子が乗り物を操るというイメージにはなりません。とくに、「selfish」という英語は、日本語訳では「利己的な、自分本位の、わがままな」と表現されています。こうした「selfish」の意味に対応したイメージをもつ「利己的遺伝子」とはどんなものか、我々がこのイメージに沿ったものとして容易に想起できるのが、「多剤耐性因子」という遺伝子です。

我々は日ごろ細菌感染に悩まされますが、これを治すのに抗生物質が用いられます。抗生物質のおかげで、我々は重篤な状況に陥らずに済むことができます。それまで結核や腸チフスなど多くの感染症に悩まされていた人類は、ペニシリンやストレプトマイシンなどの抗生物質の発見によって、たくさんの病原菌との戦いに勝利してきたように見えます。抗生物質は、ヒトなどの真核生物と細菌の特徴の違いを利用しているので、ヒトには毒性がなく細菌だけを攻撃できるという、いわゆる「選択毒性」を持つために、その効果は絶大で、抗生物質の作用メカニズムもよくわかっています。

しかし、現在は抗生物質に対する耐性を持つ薬剤耐性菌が増えてきて、世界中で医学的な大問題となっています。

抗生物質の攻撃を受けると、多くの細菌は死滅しますが、その集団の中から、抗生物質に耐性になったものが生じてきて、耐性菌の集団が拡大されてゆきます。耐性となる理由は、細菌が薬剤を分解するか不活性にしてしまい、さらには薬剤を細菌外に排出して効果を発揮させないなどの戦略をとるからです。たとえば、クロラムフェニコールの耐性菌では、この化合物をアセチル化して不活化する酵素がはたらいています。ペニシリン系のアンピシリンに対する耐性菌では、βラクタマーゼという酵素がアンピシリンのβラクタム環を分解してしまい、薬剤を不活化させます。また、テトラサイクリンに対する耐性菌のように、薬物を細菌の外へくみ出し、細菌に薬物が入らないようにする場合もあります。

では、どうやって細菌は、急速にこうした薬剤を不活性化する酵素などを持つようになるのでしょうか。もともとの細菌はこうした酵素を作る遺伝子を持っていませんし、抗生物質に晒されたからといって、すぐに対応する酵素の遺伝子を作ることもできません。ましてや、既存の酵素の作用を大きく改変するような遺伝子の突然変異も期待できません。

実は、この耐性の原因となっているのは、薬剤耐性因子、あるいは多剤耐性因子と呼ばれるプラスミドです。プラスミドとは、細菌の中に、染色体ＤＮＡとは独立して自立的に子孫を増やす（ＤＮＡの複製をする）ことができる低分子のＤＮＡのことで、一般的には、数個のタンパク質を指令する情報を含んでいる程度の大きさです。ウイルスのように、ゲノムがタンパク質の殻に封入された形で子孫を増やすのではなく、ＤＮＡ分子として細菌内に寄生して、それ自身を増やすという単純な利己性を持った遺伝子ということができます。

プラスミドDNAは、寄生している細菌（宿主）のDNAポリメラーゼ（複製酵素）の力を借りて複製されます。複製されるコピー数は細菌のゲノムより多めに維持されていて、いったん細菌の中に入り込めば、いつまでも居続けることになります。さらに、プラスミドは、細菌間の接合などによって、細菌から細菌へと伝播（水平遺伝子伝搬（horizontal gene transfer）以下、水平伝搬と略称する）され、細菌間を渡り歩き、宿主細菌が増えれば増えるだけ、その子孫を集団として拡大してゆくことができるので、まさに典型的な利己的遺伝子だといえます。

多剤耐性因子は、このようなプラスミドが、そのゲノム内に薬剤を破壊して耐性を生じさせる酵素などの遺伝子を持つようになったものです。多剤耐性因子プラスミドは、細菌に入り込むと、抗生物質の活性を破壊して細菌を薬剤耐性にして、抗生物質の存在下でも細菌が増殖できるようにします。その結果として耐性菌が増えれば、それとともに自己のプラスミドの子孫も増やすことができることになります。さらに始末の悪いことに、水平伝搬を通して細菌から細菌へと渡り歩いて、多様な細菌種を耐性菌にしてしまうので、抗生物質が効かない病原菌が増える原因になります。抗生物質はペットや家畜などヒト以外の動物にも使われるので、動物を介してヒトの感染症となる新興感染症などの新しい病原性細菌にも、耐性が拡がりやすくなります。

このような耐性菌の拡がりは、抗生物質を使うという人為的な選択圧をかけた環境で、細菌が生存戦略として多剤耐性因子を持つようになり、結果として、選択圧を越えて子孫を増やすようになったという意味で、ダーウィンの自然選択説の数少ない具体例だと考える科学者もいます。

このような薬剤耐性を克服するために、現代の医学では、感染症の違いにより、どの抗生物質が耐性菌に効果があるかを見定めて治療しています。また、まったく作用メカニズムの違う新型の抗生物質の開発を進めていますが、基本的にはいたちごっこになり、耐性菌の出現の克服は大きな課題となっています。ヒトは、いったんは抗生物質の発見により細菌との戦いに勝利したかに見えましたが、病原菌と人間の戦いはまだまだ続きそうです。

このように、プラスミドＤＮＡは利己性を維持するために細菌を籠絡させる独特のシステムを備えている典型的な利己的遺伝子であり、利己的遺伝子と乗り物というドーキンスの図式によく対応します。そこで、プラスミドを利己的遺伝子として、その乗り物としての細菌との関係について考えてみましょう。

プラスミドは利己的遺伝子として振る舞う

プラスミドは、多剤耐性因子のように細菌に侵入した寄生体として細菌を操り、工夫を凝らして自分の子孫を増やすという利己的戦略を取ります。その戦略の中心は、細菌を殺傷するという逆説的な能力にあったのです。

他殺装置を持つプラスミド

プラスミドの起源は明らかではありませんが、プラスミドはいつの時か細菌に侵入した後、細菌から細菌を渡り歩いて維持されてきました。このようなプラスミドの多くは細菌を殺傷する能力を持っていて、この殺傷システムを有効に活用して子孫の維持と拡大を図ります。この殺傷タンパク質は細菌（bacteria）を殺す（cidal）という意味から、バクテリオシンと呼ばれています。たとえば、大腸菌（Escherichia coli）のものはコリシン（colicin）と呼ばれます。細菌に寄生して維持してもらっているのに、細菌を殺すシステムを持っているのは奇妙だと思いますが、まさにこの逆説的な性質が利己性のために役立っているのです。

まず、コリシンE2を例として説明しましょう。コリシンE2は、コリシン因子というプラスミドDNAにコードされていて、コリシンオペロン（巻末用語解説参照）という遺伝子発現制御単位を構成しています。このオペロンは、コリシンE2とそれを阻害するタンパク質（これを免疫タンパク質と呼ぶ）、さらにコリシンを分泌するのに必要な細胞溶解タンパク質の3つをコードしていて、同じプロモーター（巻末用語解説参照）から同時に発現が起きます。

コリシンE2の殺菌性は、DNAを分解する酵素の活性に依存しています。コリシンE2のDNA分解酵素は合成されると、直ちに宿主とプラスミド自身のDNAの分解を始め、細菌を自殺させてしまうことになります。そこで、阻害タンパク質を同時に、しかも分解酵素より少し多めに合成して、直ちに分解酵素と結合します。そのため、分解酵素は不活性になり、プラスミドを持つ宿主大腸菌は自殺しなくてすむのです。

このままだと、コリシン因子は宿主細菌にとって毒にも薬にもならないのですが、この不活性型のコリシンは、宿主の細菌から不活性型複合体のまま菌体外に分泌されて、他の細菌の細胞内へ侵入してはたらくことで、その利己性を発揮します。

一般に、細菌の細胞質内は、たくさんのタンパク質が高い濃度で含まれていて浸透圧が高いので、通常の水溶液中では細胞膜だけでは耐え切れず、細胞膜が破れて溶菌してしまうことになります。そこで、これを防ぐために、多くの細菌は細胞質膜の外側が細胞壁という固い膜で保護され、脂質二重膜になっています。この2つの膜のあいだには空間があり、ペリプラズムと呼ばれます。

不活性型複合体は、大腸菌の細胞壁の特定のタンパク質の立体的特異性を利用して結合し、すり抜けてペリプラズムに侵入します。さらに、細胞膜の膜輸送経路を介して細胞質内に侵入します。この過程で、DNA分解酵素は阻害タンパク質から切り離されて活性型に変換されるので、細胞質内に入ると直ちにDNAを分解して、侵入した大腸菌を殺します。コリシン因子を持つ大腸菌では、細胞膜を通過して活性化した分解酵素が細胞内に侵入しても、余分にある阻害タンパク質のはたらきで活性を発揮できず、ゲノムDNAの分解は起きません。つまり、コリシン因子という殺傷プラスミドを持つ細菌は殺されることがなく、殺傷タンパク質を分泌して周囲の細菌を殺すのです。

コリシンは、その殺し方のメカニズムの違いにより、いくつか特徴のあるクラスに分かれます。細胞膜に穴をあけてしまうコリシンKの場合は、分泌されるときに、免疫タンパク質のみが産生菌の細胞膜の内側の膜の中に残っています。そこで、自身にコリシンが侵入しても、外から侵入してくる破壊活性を持つコリシンとすぐに結合して、細胞膜の標的にはたらいて穴をあける前に阻止してしまい、殺傷を防ぐことができます。しかし、別の細菌は免疫タンパク質を持っていないので、侵入すると、そのまますぐに細胞膜に穴を開けて殺傷できるのです。

どの場合も、殺傷にかかわるタンパク質（コリシン）と、それを阻害する（免疫物質と呼ぶ）タンパク質との制御システムとなっています。殺傷分子を毒素、その阻害タンパク質を抗毒素と考えると、毒素－抗毒素システムと総称することができます。

バクテリオシンは他殺のための毒素－抗毒素システム

ではなぜ、こんな殺傷兵器を持つプラスミドが進化的に保存されてきたのでしょうか。

自然界に生息する細菌の中には、環境の栄養資源が不足すると、毒素を出して他の細菌種を殺害し、自分だけ栄養を摂取して増殖を確保するという戦略を持っているものがあります。コリシンは、このような殺害システムとして特徴的なはたらき方をします。コリシン因子を持つ大腸菌は、自身は傷つけずに、持たない大腸菌を殺傷できることになります。結果として、コリシン因子を保有する大腸菌は集団の中で菌数が増えることになり、プラスミドは、毒素－抗毒素システムという単純な武器をコードする低分子のＤＮＡという形だけで、細菌を操って、その子孫を巧妙に増やすという利己性を発揮することができるのです。

膨大な数の細菌種が、コリシンに代表されるバクテリオシンを作ることができます。その作用も多様ですが、自身を殺害しないような抗毒素を持つことで自他の区別をできるような、いわゆる免疫的防御システムを装備していることが特徴です。

このような殺害システムは、他の細菌種にとっては望ましくないのですが、「軍拡」競争に勝つための毒素を獲得するという殺人者のための遺伝子が選択され、同時に自殺を防ぐ抗毒素の遺伝子を用意するという選択ができて、はじめて確立されたものだといえます。

この戦略では、プラスミドを持っていない細菌をすべて殺し、持っているものだけが生き残ることができるので、結果としてプラスミド保有細菌だけが集団を拡大してゆくことになります。そこで、この過程では、保有細菌がこのプラスミドを失うと、ほかの保有細菌の出す毒素によって死ぬことになり、その細菌は、このプラスミドを失うと自殺するという宿命を背負わされることになります。それは、あたかも「プラスミド依存症」の状態に陥ることになり、一方、この毒素−抗毒素システムを持つプラスミドは、その子孫を拡大できるので、まさに「利己的遺伝子」として「乗り物」を操ることができるのです。

バクテリオシンは微生物の多様性の維持を助ける

コリシンに代表されるバクテリオシン産生プラスミドは「利己的遺伝子」として振る舞いながらも、哺乳類の小腸などの微生物多様性を守る重要な役割と、ニッチ（生態学的に好適な場所）での細菌種の集団の安定な共存を維持する役割を持っています。

ほとんどのバクテリオシンは、ＳＯＳ応答システムで誘導されます。ＳＯＳ応答システムとは、とくにＤＮＡに損傷が起きるような外的なストレスがかかったときに、「ＳＯＳという救助信号」を出して、細菌を危険から守るための遺伝子の発現が誘導されるシステムです。たとえば、大腸菌にストレスが起きると、ただちにコリシンの産生が誘導され、周りの細菌は殺傷しても、コリシン因子を保持する大腸菌は生存できます。しかも、細菌のＳＯＳシステムは、ストレスに応じて誘発されて生産されるコリシンの量をうまく調節して、細胞集団の死滅を最小限にとどめるような調節機構としてはたらいています。

つまり、コリシン因子を持つ大腸菌は、環境の栄養条件や多様なストレスの変化の中で、バランスをとった殺菌作用を示し、結果として、集団として種の生存に有利にはたらいています。実際、コリシン因子は腸内細菌の自然の集団の中に高頻度で存在していて、整腸作用に役立っている可能性があります。

コリシン因子の殺傷遺伝子は、これを持っていれば生存を保障されるという優位性を持っているため、進化的に正の選択（巻末用語解説参照）を受けていることがはっきりしています。つまり、コリシン因子は寄生している細菌の中で増えるとともに、他の細菌の自殺を誘導する殺傷システムを発動し、利己的にはたらいているのですが、細菌の集団の一部を生存させることができるという戦略によって、進化的には、細菌にも有利にはたらいてきたことを示しているのです。

実際に、バクテリオシンが同じ生存圏内を占領する細菌間の競争の道具として役立っているのは、その作用効果が、毒素を作り出す細菌種が限定する狭い標的細菌種だけに有効であるという、きつい特異性にあります。

バクテリオシンが細菌の増殖を調整的に抑えるという報告は、80年前にさかのぼります。チーズ製造は８０００年以上も前から始まったといいますが、チーズ製造に使われる乳酸菌は、ラクトースを乳酸に変えるとともに、バクテリオシンも産生します。このバクテリオシンは、チーズ製造菌の複雑な集団の構成に影響を与え、また外からの病原性菌の繁殖を抑えるはたらきを持っています。

特定の乳酸菌は他の乳酸菌の増殖を抑える効果があり、その活性物質はナイシンと名付けられました。ナイシンは英国で保存剤として１９５３年に市場に出されて、その後、48カ国以上で承認されています。その後、ＷＨＯ食糧農業機関や米国ＦＤＡなどで、食品添加物として安全であると評価され、ヨーロッパの食品添加物リストに加えられました。なお、その後、バクテリオシンを抗菌的な保存剤にしようとたくさんの研究がおこなわれましたが、ナイシン以外の新しいものは開発できませんでした。

バクテリオシンはプロバイオティクス（人体に良い影響を与える微生物や、それを含む製品・食品）として価値があると認められ、たとえば、動物の飼料にコリシン産生菌を混ぜて与えると、大腸菌Ｏ１５７の繁殖を抑えることができるという報告もあります。また、ヒトの母乳には腸管からマクロファージを経由して乳腺に運ばれた腸内細菌が含まれており、この細菌が産生するバクテリオシンが乳幼児の腸内細菌を制御して、プロバイオティクスとしての整腸作用があるという報告もあります。

また、先に述べた抗生物質に対する多剤耐性菌に対する抗菌作用という点から、抗生物質とは違う抗菌特性を持つバクテリオシンの有効性に注目している研究者もいます。

細菌に心中を迫るプラスミド

もう1つ、独特の毒素－抗毒素システムを持ったＲＩプラスミドを紹介します。このプラスミドが持っている毒素－抗毒素システムは、ｈｏｋという毒素を産生します。ｈｏｋは細菌の膜を溶解する機能を持っています。これに対して、抗毒素としてはたらくのがｓｏｋです。ｓｏｋは、これまで述べたようなタンパク質性の抗毒素ではなく、ＲＮＡ分子という特殊な抗毒素です。ＲＩプラスミドは、宿主細菌内で、少しだけしかｈｏｋメッセンジャーＲＮＡを作りませんが、その寿命は長く保たれています。一方、ｓｏｋＲＮＡは、ｈｏｋと同じ遺伝子の相補的なＤＮＡ鎖にコードされていて（アンチセンスＲＮＡと呼ばれる）、大量に作られますが、その寿命は短いのです。そのため、通常では、ｈｏｋメッセンジャーＲＮＡが作られると、すでに大量にあるアンチセンスｓｏｋＲＮＡと直ちに結合して二重鎖ＲＮＡを作ってしまいます。すると、二重鎖ＲＮＡに特異的なＲＮＡ分解酵素がすぐに分解してしまうので、細胞内内にはフリーで存在しないことになり、毒素はまったく合成されません。そこで、細菌は生存できるようになっているのです。

しかし、細胞分裂が起きたときに、何かの原因で偶然にプラスミドが娘細胞に伝搬できないようなことが起きるとします。すると、長命のｈｏｋメッセンジャーＲＮＡだけが娘細胞に残り、短命のアンチセンスｓｏｋＲＮＡはすぐになくなり、しかもプラスミドが存在しないので新たにｓｏｋＲＮＡ

は合成されず、抗毒素はなくなってしまいます。その結果として、わずかに残存していたhokメッセンジャーRNAから毒素が作られ、細菌を溶解して殺してしまうことになります。

このような特殊な毒素－抗毒素の関係から、RIプラスミドは、もし宿主細菌から排除されると、直ちに毒素がはたらいて宿主菌を殺害することになるので、細菌に住み着いたが最後、細菌の中ではプラスミドを維持し続けなければ、死を選ぶことになります。つまり、RIプラスミドに一度侵入されてしまった細菌は、この遺伝因子の常駐と、その恒常的な発現によって生存を図ることになるので、「プラスミド依存症」になります。これらの依存症モジュールを失ったために必然的に起きる細胞死の過程は、プラスミドを失った細菌が分裂後に死を宣告されるという意味で、「分裂後殺害」と呼ばれます。見方を変えると、RIプラスミドは宿主細菌に心中を迫りながら、あるいは「殺すぞ」と脅迫しながら、腐れ縁のような形で互恵関係を保っていることになります。こうして、RIプラスミドは、まさに利己的な遺伝子として振る舞うのです。

他殺装置は細菌内で自殺装置に変えられる

RIプラスミドと細菌の関係は、プラスミドが細菌の「共生者」となり、細菌とプラスミドが構成する「新しいコミュニティとしての自己」を形成することになります。普通の「共生」は、「協調」というプロセスも必要になり、「共生」によって、パートナー同士はそれぞれへの互恵をもたらします。しかし、RIプラスミドと細菌の「共生」では、通常の共生とは異なり、両者が離れることがそのまま死につながるという、もっと急進的な方法で、「腐れ縁的な共生」が成り立っているようにみえます。

この段階で、プラスミドが細菌を支配しているのか、細菌がプラスミドを支配しているのかわからなくなります。それゆえ、外から侵入した利己的遺伝子としてのプラスミドは、細菌の中に「内面化」したことになります。

さらに、プラスミドＤＮＡは何らかの契機で細菌のゲノムに取り込まれることがあります。すると、細菌は、ゲノム上に毒素－抗毒素システムを保有するようになり、利己的遺伝子から解放されるとともに、自らの生死を制御できることになります。このような繰り返しが何度も起きた結果、大腸菌ゲノムは、10個を超えるたくさんの毒素－抗毒素システムの遺伝子を獲得したのです。利己的な殺傷プラスミドを抱え込んだ細菌はその後の多段階の進化を経て、たくさんの利己的遺伝子の脅威から解放され、利己的遺伝子は「利他的」役割を担うように変身し、結果として細菌のための「守り神」になったのです。

こうした微調整の繰り返しによる進化的改編を経て、細菌は、外部からのシグナルに反応して、この利己的遺伝子の発現を調節するメカニズムを獲得するようになりました。つまり、自己の「死」を調節しながら、結果として増殖能力の拡大という「生存」を満たす方向へと進化を進めてきたのです。

しかし、同じシステムが、不利な環境条件では、個体の死を誘導して集団サイズを調整し、種が生き延びるための手段としても利用されるようになります。また究極の限定的な環境条件では、細菌間の個と個の殺しあいの要因ともなります。

バクテリオファージは利己的遺伝子として振る舞う

我々は毎冬、インフルエンザウイルスの脅威におびえています。このウイルスは、RNAをゲノムとして持ち、我々の免疫力を回避して増殖します。すべてのウイルスは、基本的に遺伝子情報物質であるDNA（あるいはRNA）分子と、これを包む外皮タンパク質とでできています。どんなウイルスも細胞に感染して、はじめてその中で子孫を増やすことができます。つまり、ウイルスが「利己性」を発揮するためには、「乗り物」としての細胞の助けが必須なのであり、細胞に依存してはじめて「生命体」のように振る舞えるのです。だからウイルスは典型的な「利己的遺伝子」であり、細胞はまさに「乗り物」として利用されているといえます
このようなウイルスは、ヒト等の動物だけでなく、植物、さらには細菌にも感染するものがあります。細菌に感染するウイルスは、バクテリオファージ（以下ファージと略称）と呼ばれています。ファージは、感染した細菌の細胞膜を破壊し（溶菌）、死細胞を残さないので、細菌が食べ尽くされてしまったかのように見えます。そこで、細菌（bacteria）を食べるもの（ギリシア語：phagos）」という意味で、「バクテリオファージ（bacteriophage）」と名づけられたのです。ファージは、宿主の細菌に感染すると、数百個の子ファージを生産して、菌体を溶解します。増えた子ファージはまた別の細菌に感染し、さらに子孫を増やします。

ファージが可能な限り大量の子孫を増やすためには、一斉に感染した宿主で子孫を増やしてすぐに溶菌させてしまうより、宿主細菌を長い期間元気にしておいて増殖状態を継続させ、少し増えた子ファージがまた別の細菌に感染するというように、持続的感染状態を維持して、じわじわと子孫を増やせるだけ増やし、ちょうどよいタイミングで溶菌させるための微調整をおこなうという戦略が好都合です。

ファージも他殺装置を備えている

そのために、ファージは精巧な溶菌の制御に必要な遺伝子をファージゲノム内に持つような進化をたどってきました。溶菌の制御は、いいかえると細菌の殺傷システムであり、ファージは最大限子孫を増大するという利己性を発揮するために、殺傷システムをうまく使って細菌という乗り物を操るのです。

ファージが誘発する細菌の殺傷のタイミングを制御するメカニズムは単純なもので、ファージゲノムがコードするリシン（lysin）とホリン（holin）という、たった2つのタンパク質によって調節をしています。

リシンは、この細菌の脂質二重膜成分の中の、細胞壁の構成成分であるペプチドグリカンを分解する酵素です。これがはたらくと細胞壁が失われ、溶菌が誘導されます。だから、リシンは毒素に相当します。この毒素の抗毒素となるのがホリンです。ホリンはリシンの活性を制御する機能を持っていて、溶菌のタイミングを決めています。それゆえ、ファージが誘発する細菌の殺傷能力は、バクテリオシンと同様の毒素－抗毒素システムです。

具体的には、ホリンが、膜を介してリシンの輸送を制御することによって、リシンをはたらかせるタイミングを決めています。リシンは、細胞質膜を通過するために必要な「シグナルペプチド」を持たないタンパク質なので、そのままでは細胞膜質を通過して分解する対象となる細胞壁に近づくことができないようになっています。そこで、ファージが感染してリシンが作られても、細胞質内に貯まってしまうだけで、分解すべき細胞膜に近づけないので、細胞を分解することができません。しかし、ホリンが作られはじめると、ホリンが膜の流動性を高め、リシンを細胞壁と細胞質膜のあいだの空間であるペリプラズムを通過できるようにします。その結果、リシンは細胞壁に接触して細胞壁を分解し、溶菌が起きるのです。つまり、ホリンの量がだんだん貯まってくると、初めてリシンがはたらき始めて細胞を溶解するという仕組みであり、砂時計のようにホリンの合成量を制御すれば、望みのときに細菌の自己融解を発動できることがよくわかります。

なるほど、うまい方法だと感心しますが、この「砂時計」だけの調節では感染してから一定の時間たてば溶菌するというだけの調節であり、何かの事情で十分子ファージの生産ができなくても、時間経過とともに簡単に溶菌が起きてしまえば、ウイルスをたくさん増やすことができないことになります。

では、この要求を満たすために、ホリンはどうやって溶菌の引き金を引くタイミングを決めているのでしょうか。その答えは、ホリンの構造にプログラムされていたのです。おもしろいことに、ホリンの遺伝子は、読み取られてタンパク質が作られる翻訳の開始点が2か所あり、その違いで2つの異なったタンパク質を生産することができます。短いフォームのタンパク質はこれまで述べたホリン機能を持っていますが、驚いたことに、より長いタンパク質は正反対の機能を持っていることがわかり、抗ホリンと名づけられました。つまり、毒素（リシン）と抗毒素（ホリン）と抗-抗毒素（抗ホリン）の三つ巴の調節をしていたのです。

この2つのホリン分子は、分子量の大きさの違い以上に、それぞれのN末端のアミノ酸配列の違いによって機能上で影響しあい、そのメカニズムの詳細は省きますが、劇的に大きな制御能力を持っているのです。

抗ホリンは、タンパク質のN末端に追加された正帯電型アミノ酸を持つために、N末端を膜の内側の細胞質面に局在化させています。対照的に、活性型の短いホリンのN末端は膜のペリプラズム表面に局在化しています。ホリンが膜の中に蓄積してきても、抗ホリンのN末端が膜のペリプラズム表面に宙返りするポイントに達するまでは、膜に穴を開けずに膜電位が保たれ、大腸菌の溶菌も起きません。しかし、いったん、抗ホリンが宙返りすると、抗ホリンもホリンと同じ機能を示して膜に穴をあけることになるので、細菌は急激で完全な脱エネルギー状態に転換して溶菌するのです。

つまり、溶菌のタイミングの制御は、1つはホリンタンパク質の1次構造にプログラムされていて、膜の溶解速度に影響を与えていること、もう1つは、ホリンと抗ホリンのあいだの比率の時間変化が砂時計のように融解の時間の決定にはたらくことです。この2つの事象が、「自己融解の砂時計」を、より高い精度で制御できるようにしているのです。

細菌は自殺という利他的行動でファージの感染拡大を防ぐ

さて、ファージが感染すると、宿主細菌はファージの思いのままになり、細菌集団での感染が広がってゆくことになり、細菌はファージの殺傷システムにより溶菌して死を迎えることになります。しかし、細菌も、ファージの感染の集団内への拡大を押しとどめるような防御メカニズムを持っていて、これに対抗していることがわかりました。つまり、細胞はファージゲノムのいいなりにはならないのです。そして、面白いことに、このような細菌の抵抗の仕組みは、実は細菌自身の「自殺」のシステムにあることがわかったのです。

たとえば、Ｐ1というファージが野生型の大腸菌に感染すると、感染そのものがストレスとなって、大腸菌の「自殺」システムが誘導され、感染した細菌は自ら細胞死を選びます。そこで、ファージはゆっくりと大量に増幅することができず、わずかなファージしか産生されません。集団内の他の大腸菌への再感染は起きにくくなり、結果として大腸菌は集団として生き残る仕組みになっているのです。

この細菌の自殺装置の重要性は、この自殺装置の遺伝子変異から証明されています。この自殺装置に変異が起きると、細菌はファージの感染力を全く防ぐことができず、沢山放出されたファージの子孫は、次々と細菌集団のすべてに感染を拡大し、大腸菌を全滅させてしまいます。

この結果から、大腸菌の母集団がファージに感染すると、一部の細菌集団の死は招きますが、集団全体としては、より多くが生き残ることができるようになっているのです。これは、集団の一部（個体）が利他的に振る舞い、自らを犠牲にして、種の保存を図るという生物の生存戦略の1つの有効な方法であるといえます。

もちろん、すべての宿主細菌が死滅してしまえば、ファージも増えることができなくなるので、細菌の生存戦略は、細菌とファージにとってお互いの利益にもなるよう共進化したとも考えられます。

細菌は利己的遺伝子を自殺装置として内在化させた

さて、このファージ感染時に誘導される大腸菌の自殺装置とはどんなものでしょうか。それは大腸菌ゲノム上に局在しているｍａｚＥＦシステムと呼ばれるものです。ｍａｚＥＦシステムは、ファージゲノムが持つホリン－抗ホリンシステムと、よく似た機能を持つ「毒素－抗毒素システム」です。

ｍａｚＥＦシステムは、2つの遺伝子で構成されています。その1つのｍａｚＦ遺伝子は、ＭａｚＦという安定な毒素タンパク質を作ります。ＭａｚＦはＲＮＡ分解酵素で、細菌のＲＮＡをすべて分解して死に導きます。いってみれば、細菌は爆弾を抱えていることになります。

そこで、この爆弾を破裂させない仕組みを同時に用意しておく必要があります。これが、もう1つのｍａｚＥ遺伝子がコードする抗毒素ＭａｚＥで、毒素ＭａｚＦを阻害するはたらきを持っています。ＭａｚＥは不安定なタンパク質なので、その発現量が微妙に変化することによって、ＭａｚＦの毒素活性を制御しているのです。

通常の生理状態では、ＭａｚＥがＭａｚＦ活性を抑えていて自殺を起こさないように保っていますが、いったん外的なストレスがあると、まず細胞内のＭａｚＥタンパク質のレベルが減少し、相対的にＭａｚＦ毒素の作用が活性化されて、細菌内のＲＮＡの分解が始まり、細菌は自殺へと向かいます。

バクテリオファージが感染すると、細菌はこれを外的なストレスと感じ、ｍａｚＥＦシステムが誘導されます。そこで、感染した細菌は自殺を誘導してファージの子孫の拡大を、防ぐことができます。この自殺装置は、ファージ感染以外でも、リファンピシンなどの抗生物質でも誘導され、これが感知されるとｍａｚＥＦシステムが誘導されて細菌は自殺へと追い込まれます。つまり、リファンピシンはそれ自身が殺菌力を持っていなくても、細菌が持つ自殺装置を誘導することで殺菌作用として有効なはたらきを示しているのです。

ファージが持ち込んだブドウ状球菌の自殺装置

大腸菌だけでなく、他の細菌でも自殺装置を持っています。その1つの例として、ブドウ状球菌の例を説明しましょう。ブドウ状球菌の殺傷システムはＣｉｄオペロンとＬｙｔＳＲオペロンの２つのオペロンで制御されています。

ＣｉｄオペロンはＣｉｄＡとＣｉｄＢという2つのホリン（抗毒素）を作ります。一方、ＬｙｔＳＲオペロンは疎水性の高い膜内在性タンパク質であるＬｒｇＡとｌｒｇＢという2つの抗ホリン（抗ー抗毒素）を作ります。

ブドウ状球菌は、栄養が十分あって活発な呼吸をしている時には、細胞膜の外でプロトン勾配を発生させて細胞壁の中のｐＨが局所的に低下します。そして、この酸性のｐＨが細胞膜を分解する酵素（リシン＝毒素）の活性を抑えるので、通常は溶菌が起きません。

しかし、栄養源が不足した時には呼吸が止まって、膜電位が減少します。すると、細胞壁のｐＨが高まり、細胞膜分解酵素が活性化されて溶菌が起きます。ＣｉｄＡタンパク質は膜のｐＨ変化に対応して膜の流動性を高めて細菌を溶菌に導こうとしますが、ＬｒｇＡはＣｉｄＡ活性を抑えて溶菌を防いでいます。

このような事実から、ブドウ状球菌の自殺装置は、先に述べたファージが持っていた溶菌制御システムとほとんど同じ原理であることに気づきます。ブドウ状球菌の溶菌システムが、ファージのものとよく似ているということは、細菌が、感染したファージのゲノムを自分のゲノムに取り込み、望ましい形に変えて進化してきたことを示しています。細菌はここでも利己的遺伝子の意のままにはならず、生存戦略の上からそれを自分のゲノムに取り込み、栄養環境の変化に対応するための微細な生存調節能を獲得したのです。

細菌の兵器となってゆく利己的遺伝子

分泌装置という細菌の他殺兵器

これまで、細菌が利己的遺伝子を内在化して、自身の増殖の調節の道具として利用したことを説明しましたが、ここでは、細菌がプラスミドやファージの侵入と戦いながら、ファージなどの兵器を借りて、やがて、軍拡競争に勝ち抜くための自身の兵器に改良してゆく例を説明します。

コリシンは、毒素タンパク質を菌体外に放出して、この毒素が爆弾のように広範囲に拡散して、敵の細菌を殺傷しますが、拡散型ではなくて、特殊な分泌装置を使って、他の細菌と直接接触して相手を殺傷する他殺兵器があります。この分泌型殺傷装置は、直接相手の細菌と接触して毒を注入する装置としてはたらきます。こうした分泌装置を持つ細菌は、細菌同士だけでなく、ヒトをはじめとする真核細胞にも付着して毒素を注入することができます。

一般に、タンパク質を細菌外に分泌するためには、エネルギーを使って細菌内部から外部へ放出することが必要です。その分泌方式は6つのタイプに分類されています。コリシンはタイプI型の分泌システムで膜の性質をうまく利用した分泌方式です。それぞれ装置の構造や機能に差があり、Ⅲ型は細菌の鞭毛の基部に注射針がついた構造を持っていて、相手の細菌と接触して注射針を差し込んで、毒素を注入しますし、Ⅳ型はタンパク質だけでなくＤＮＡも注入できる装置で、細菌の接合で使われる繊毛の構成成分であるピリンというタンパク質を使っています。Ⅵ型の分泌装置は、ファージが細菌にＤＮＡを注入するときの注射針とよく似ています。

細菌兵器としてのⅥ型分泌装置はファージ起源

グラム陰性菌では、細胞質膜の外側にペプチドグリカンが網目構造を持つ外膜を持っています。この外膜によって細胞の形状が保たれ、外来性の溶菌酵素から守られています。緑膿菌のⅥ型分泌装置は、相手の細菌と直接の接触をして、その防御壁である外膜を破壊して殺傷します。まず、分泌型装置の注射針から、受容側細胞のペリプラズムに外膜のペプチドグリカンを分解するアミダーゼが注入され、外膜を破壊します。

緑膿菌自身は、エフェクターによる溶菌作用から自身を保護するために、ペリプラズムに局在する特定の免疫タンパク質を備えています。これらの免疫タンパク質は、Ⅵ型分泌装置を使うときに細胞外へエフェクターを輸送する必要がありますが、その過程で自らの細胞壁を破壊しないように、自身の細胞のペリプラズムに入らないようにする仕組みが存在しています。

この兵器はコリシンのはたらきと同じ毒素－抗毒素システムとして、他の細菌を攻撃しながら自らは守ることができるシステムで、緑膿菌細胞はⅥ型分泌装置を使って他の細菌との軍拡競争に打ち勝って、栄養源を確保して環境内での適応性で優位に立つことができるのです。

このⅥ型分泌装置は、ファージにその起源があることがわかりました。ファージには、ゲノムDNAを包む頭部と尾部と呼ばれる構造があり、尾部は鞘と呼ばれる注射針の部分と細菌に着地する時に使うスパイクと呼ばれる宇宙船の足のような構造でできています。尾部は宿主細菌の細胞壁を突破して細胞内にファージのDNAを送り込む機能を備えています。T4ファージの場合、注射針の先端にある基部にタンパク質にリゾチームというペプチドグリカンを分解する酵素が含まれていて、この酵素がはたらいて、細胞壁に穴を開けます。次に、注射針の先端の基部にあるタンパク質が収縮してDNAを細菌内へ注入します。

Ⅵ型分泌装置の20種のタンパク質の中の3つの蛋白質はファージの注射針の尾部タンパク質と類似していて、その遺伝子はファージの遺伝子と相同性があることがわかりました。また、尾部のスパイクのVgrGと呼ばれるタンパク質と構造がよく似ているものもありました。VgrGはファージの鋭い円錐状の突起を形成し、標的細菌の膜を突き刺すとともに、DNAを細菌内に注入するための収縮能を持つ先端のとがったスパイクを作り、これに複数のエフェクターが結合して、収縮によってエフェクターを標的細胞に一気に送り込むという多機能を持つタンパク質です。実際、Ⅵ型分泌装置の注射針の管状構造は、収縮性のあるファージ尾部の注射針と構造的にも機能的に全く同じであり、Ⅵ型分泌装置を構成するタンパク質は、ファージの尾部成分から進化したものだったのです。このように、細菌の分泌装置という兵器はファージを起源として改良された兵器だったのです。

ヒトの細胞を殺傷する病原菌のⅢ型分泌装置

細菌の分泌型兵器は、細菌間の軍拡競争だけでなく、ヒトなどの動物に感染した細菌が真核細胞にも兵器として使うこともわかっています。

細菌は動物の体内の栄養を使って増殖するだけでなく、菌体外毒素を分泌して重篤な感染症を起こす場合があります。それだけでなく、直接真核細胞と接触して毒を注入して破壊して真核細胞から栄養源を得るような細菌もたくさんあることがわかってきました。サルモネラ菌、赤痢菌、病原性大腸菌、腸炎ビブリオ菌、クラミジア菌など、ヒトの主要な病原性グラム陰性菌は、このような方式で感染症を起こしますが、そのとき、これら細菌種では、Ⅲ型分泌システムがはたらいていることが確認されています。

これら病原菌のⅢ型の分泌装置は、細菌の細胞質膜に埋め込まれている基部と、注射筒と先端部で構成されていて、相手の細胞と接触すると、相手の細胞膜に注射針を差し込んで、エフェクターを注入します。エフェクターは、一般的な細菌毒素と違って、この分泌装置を通して注射されなければ相手側に侵入できないため、エフェクター分子を単独で相手の細胞に振りかけても、全く毒性を発揮しません。エフェクターが宿主内に移行するためには、この装置が持っているポア（細胞膜の孔）を形成する因子が、相手側細胞の細胞膜に孔をあけ、エフェクターが宿主細胞内に侵入できるようにさせるのです。

宿主に移行したエフェクターは、宿主側因子と相互作用することで様々な生理作用を示します。エフェクターの標的となるのは、アクチン・微小管などの細胞骨格を制御するタンパク質です。病原菌は、この作用によりマクロファージの運動機能を抑え込み、貪食作用（細菌を飲み込んで消化する）を回避します。また、さらに積極的な攻撃法として、免疫担当細胞の細胞死を誘導したり、ユビキチン・プロテアソームシステム（タンパク質分解酵素）を活性化して宿主側のタンパク質を分解し、宿主内の制御を攪乱させるエフェクターもあります。このように、個々の病原細菌が持つエフェクターは多岐にわたり、また複数のエフェクターの相加・相乗作用を示して持続的な腸炎を起こしたりするので、エフェクターに依存した感染現象の解明と治療法の開発は単純ではないのです。

水平伝搬して真核生物の兵器となってしまった細菌兵器

細菌は人感染症のように、動物など真核生物をも生息場所としますので、その間に細菌から真核細胞への遺伝子の水平伝搬が起きることもあります。実際、Ⅵ型分泌装置のエフェクターが細菌から真核生物に水平伝搬して、真核細胞の兵器となった例があることがわかりました。それは、Ⅵ型分泌型アミダーゼ（Ｔａｅ）というエフェクタータンパク質を持つ真核生物です。Ｔａｅはペプチドグリカンを分解する強力な抗菌酵素で、Ⅵ型分泌装置によって競合する細菌細胞に注入されると、その細胞壁を破壊します。

膨大な遺伝子解析から、このｔａｅ遺伝子は、異なった真核生物種に少なくとも6回も水平伝播を繰り返した形跡があることがわかったのです。このような真核生物では、細菌から伝搬したⅥ型分泌装置の遺伝子のうちのエフェクター遺伝子だけをうまく変形し、真核細胞でも活性を持つアミダーゼエフェクター（ｄａｅ）遺伝子を創り出し、数億年にわたって純化選択（その機能を高めるような選択）をして、真核生物種の生存に効果的な形で保存されてきたことがわかりました。

その実例はライム病の媒介をすることで知られているシカダニです。ライム病は現在、アメリカ合衆国で急速に広まっている生物媒介の病気で、年間1万件を超える感染例が報告されています。しかし、症状がインフルエンザに非常に似ており、たいていは適切な治療を受けないうちに症状が消えてしまうので、発症が報告されているのは1割程度ではないかと推定されています。この病気を媒介するのはシカダニの一種であるクロアシマダニで、おそらくこのダニだけがライム病の媒介をして伝染させると考えられています。

ライム病を引き起こす直接の病原体はボレリアという細菌ですが、ボレリアに感染したダニの唾液腺や腸管にＤａｅタンパク質が検出され、このＤａｅタンパク質はボレリア菌の外壁のペプチドグリカンを分解することがわかりました。ではなぜ、このダニはボレリア菌を殺してしまわずに、ライム病の媒介役となってしまったのでしょうか。それは、このダニはボレリア菌に感染すると、Ｄａｅタンパク質のはたらきでボレリア菌の増殖を抑えるのですが、完全ではなく、適度に生かさず殺さずの状態で維持しています。それゆえ、シカダニ自身は自然免疫もはたらかせて自己防御はできているのです。しかし、シカダニにかまれた人や獣では、シカダニが持っていたわずかのボレリア菌が侵入すると、防御機構がないためライム病を発症してしまうというわけです。

このように、シカダニには、Ⅵ型分泌装置を解体したエフェクターだけが伝搬して残っていたのです。細菌間の軍拡競争を目的に改良されてきた兵器は、細菌世界だけでなく、真核生物にまで移り、それまでなかった抗菌活性を真核生物に付与し、自己防衛ができるようにさせたことになります。激しい細菌同士の軍拡競争によって課される厳しい選択圧は、さまざまな抗菌機能をコードする遺伝子をたくさん作りだしたのですが、真核生物の自然免疫系は、これを自分に合わせて変化させて転用していたのです。

細菌の防衛型兵器

まだまだ細菌は軍拡競争を広げてゆきますが、軍拡競争では、攻撃を激化させるだけでなく、防衛手段も重要です。これから、異種ＤＮＡの侵入を許してしまったときでも自己のゲノムを守って生き延びる戦略を２つ紹介します。いずれも、自己のゲノムを異種のゲノムと区別して、異種ＤＮＡだけを破壊できる装置であり、一種の免疫機構ということができます。

制限酵素は、侵入した異種ＤＮＡを破壊する免疫装置

ある特定の大腸菌株に感染して増えたバクテリオファージを別の大腸菌株に感染させると、ファー

ジのＤＮＡが分解されてしまうという現象があります。これは、異種の大腸菌から導入されたＤＮＡを異物と感じて分解してしまうという、一種の免疫現象でもあります。

この現象には、２つの要素があることがわかりました。すなわち、自分のＤＮＡのある特定の配列のシトシンにメチル化をおこなって印をつける修飾酵素と、この修飾をすることができない大腸菌のＤＮＡが別の大腸菌に導入された場合に、その中の酵素がこの特定のＤＮＡ配列を認識して分解してしまう制限酵素です、このＤＮＡ分解酵素は、修飾されたＤＮＡは分解できませんが、このようなＤＮＡの特定の配列を認識して分解します。

その後、この制限酵素の１つであるＥｃｏＲＩと呼ばれる酵素が精製され、ＤＮＡの塩基配列の中で、ＡＡＧＣＴという配列を認識して、切断していることがわかりました。大腸菌以外の菌でも、ＥｃｏＲＩと同様の機能を持つ酵素があることがわかりました。

一方、シトシンのメチル化を起こすメチラーゼは、この配列の中のシトシン残基をメチル化します。このメチル化の印はいったん付けられると、細胞分裂が起きてＤＮＡ複製が起きるたびに付けられるので、娘細胞に伝搬することになります。制限酵素はＤＮＡを分解する酵素で、特定のＤＮＡ配列を認識してＤＮＡを切断しますが、同じ特定の配列がメチル化されていると切断することができません。このメチル化を持つＤＮＡは「自己」と見なして切断せず、持たないＤＮＡは「非自己」と見なして切断するのです。そのため、ファージやプラスミドなど外来から侵入した「非自己」ゲノムを分解して、自身を守ることができるのです。

このように、制限酵素と修飾酵素のペアは、侵入してきたＤＮＡを切断することによって細菌を守るためにあると考えられていましたが、制限修飾系の遺伝子を失うと細胞が死ぬことがわかりました。細胞から制限修飾遺伝子が失われると、細胞分裂に伴って修飾酵素が希釈してゆき、ゲノム上の認識配列をメチル化しきれなくなります。そこで、少し残ってしまった制限酵素がゲノムDNAを切断するので、細菌は自殺を強いられることになります。

つまり、制限修飾系は、侵入するDNAだけでなく、自分のゲノムをも攻撃することになり、宿主と利害を異にするウイルスのような「利己的な遺伝子」と同等の特性を持つといえます。また、制限酵素を「毒素」と見なし、修飾酵素を「抗毒素」と見なすことができ、これまで述べてきた「毒素–抗毒素システム」と同等の機能を持っていることになります。

この制限修飾系はほとんどの細菌種に認められる防御系ですが、防御系としてだけでなく、細菌のゲノム進化に貢献してきたこともわかりました。それは、制限酵素が自分のゲノムDNAを切断することによって、ゲノム内の相同組み換えの頻度が高まり、突然変異を誘発することになるのです。その一方で、自身のゲノムが持つ制限酵素が認識する塩基配列がゲノムの配列から失われるという形で、自己のゲノムの安定性を維持していることがわかりました。

当然、軍拡闘争としてファージもそのゲノム中から制限酵素の認識部位を除去して分解を免れる戦略をとりますが、細菌と比べるとゲノムの変化は少ないので、結果として制限修復系は細菌のファージに敵対する防御戦略として有力な武器となったといえます。

制限酵素の発見は、遺伝子工学技術の発展に必須の要因でした。それは、この酵素が、遺伝子の特定の塩基配列を認識して切断する特性を持っているからです。そして、膨大な細菌種がこうした特性を持つ制限酵素を持っています。そこで、それぞれの細菌種から分離した塩基配列特異性が違う酵素が準備できたので、現在では膨大なセットの制限酵素が使われています。研究者たちは遺伝子の望みの場所を切断することが可能となり、2つの異種の遺伝子を切断してお互いをつないで組み換えDNAを作り、遺伝子クローニングができるようになり、遺伝子の構造解析も進んだのです。

CRISPR/Casシステムは獲得遺伝型の免疫装置

地球上で最も大量に存在している利己的遺伝子は、バクテリオファージです。その大量の存在と分布の仕方は、微生物の生態学と細菌のゲノムの進化に重要な影響を及ぼしているはずです。長い進化のあいだに、細菌はファージのライフサイクルの多様なステップをターゲットとする、多様な防衛機構を開発させてきています。外敵を防御する手段としては、ファージの吸着を防ぐ、ファージの遺伝子DNAが細菌内に注入する過程を防ぐ、さらには侵入してしまった外来DNAのその後の感染経路を遮断するなど、多段階にわたっています。CRISPRシステムは、こうした細菌のファージ防御システムの中で、細菌内に侵入したファージDNAを分解して防御するシステムで、制限修飾系と似ているものです。

古来、人々は多数の細菌を利用する技術を開発し、発酵をはじめとするバイオテクノロジーを発展させてきました。たとえばサーモフィラス菌はヨーグルトやチーズを作るために利用されていますが、時としてファージが感染して乳製品の製造過程で被害をこうむる場合があります。そのため、産業界はファージに抵抗性の変異体を作製したり、ファージに対する抵抗メカニズムを生み出す遺伝的な原因の追究をして、対処法を模索してきました。こうした研究の中で、細菌のゲノムの中に非常に可変性が大きい特殊な配列構造CRISPR（Clustered Regularly Interspaced Short Palindromic Repeat）があり、この近くに局在するCas遺伝子群とともに、細菌のファージに抵抗性にはたらいていることが発見されました。

CRISPRはリピート配列とスペーサー配列という2種類のDNA配列の繰り返しによって構成されていて、リピート配列は同一のCRISPR内では共通した配列ですが、スペーサー配列はそれぞれ特異的な配列をしているという特徴を持っています。CRISPRの上流にはリーダー配列と呼ばれる領域が存在し、さらに上流にはCas遺伝子群が存在し、複数のタンパク質をコードしています。ファージやプラスミドが侵入すると、Casタンパク質が侵入者のゲノム上に存在するPAMと呼ばれる配列を認識して、その上流の数十の塩基対を切り取り、リピート配列とともに自身のCRISPR領域の上流側に挿入します。このCRISPR領域は一連のpre－crRNAと呼ばれるRNAへと転写され、Casタンパク質の複合体が結合して、リピート配列を切断し、crRNAとなります。crRNAは別のCasタンパク質と複合体を形成し、侵入したDNAのスペーサー配列と相補的な配列を認識して分解します。

こうして、細菌はファージゲノムが侵入した後でも自身を守ることができるのですが、この防御システムは、もう1つの重要な防御機能をそなえています。それは一回侵入したファージゲノムの一部の配列を細菌のゲノム内に挿入したために、これが記憶となり、再度同じタイプのファージが侵入しても、そのゲノムを分解して自身を守ることができます。そこで、別のファージが侵入しても同じメカニズムで排除できるのです。つまり、CRISPRシステムを持つ細菌は、ファージに対する免疫性を獲得してゆくことができるので、ラマルク的遺伝（獲得形質の遺伝）という、めずらしい形式だと考えられています。

このような細菌の防御機構は、研究室でのみ扱う細菌の限られた株と、整備された研究室の培養条件では見つかりにくい現象ですが、自然界に生息する細菌種とファージのあいだでは良く認められる現象なのです。自然界では、細菌の防御システムに対してファージもそれをすり抜ける遺伝子の変異をくりかえした新たな戦略で対応するので、進化の過程で激しい軍拡競争が繰り広げられて、速い速度で進化してきたことがうかがえます。

実際このシステムはゲノム解読ができている原核生物のうちの真正細菌の4割と、古細菌の9割に見出されていますので、原核生物のファージやプラスミド等の外来遺伝子に対する抵抗性に寄与している大きな要因として、進化してきた防御機構だったことがわかります。

現在、このCRISPRシステムは産業上で、安定した細菌の管理のために利用されていますし、後で述べるように、組み換え作物や遺伝子導入家畜の画期的な作製法として世界的に利用され始めています。

CRISPR／Casシステムでのファージと細菌のせめぎあい

ファージによる捕食の脅威に常にさらされている細菌は、これまでに広範な免疫機構の進化が起きています。細菌のCRISPR／Casシステムは、すでに説明したようにファージなどの侵入核酸に対して塩基配列特異的な免疫的な防御システムです。このシステムは、細菌を防御するための免疫機構としてはたらくだけでなく、ファージも細菌への侵略の武器として利用していることがわかってきました。

ファージもゲノム中にCRISPR／Casシステムを持っていて、宿主の細菌のゲノム中に存在するファージ抑制性の塩基配列を無効にすることができるのです。ファージゲノムのCRISPR配列が、宿主ゲノムの標的の塩基配列と同一性を持っていた場合には、細菌の防御をかいくぐり、感染を成立させます。

しかし、そのようなターゲティングがうまくできない場合には、ファージのCRISPR／Casシステムは、新しいスペーサーを獲得して速やかに進化し、ファージの複製を復活させることができるのです。もちろん細菌も、これに対して新たな進化を進めるに違いありません。

細菌の資源争いの平和的解決

これまで細菌のファージやプラスミド、あるいは細菌間の生死をかけた戦いぶりを述べてきたので、細菌がいかにも好戦的に見えてしまいます。特に、細菌は1個ごとに独立して生活を営んでいるので、細菌は利己的な振る舞いをするものだと長いこと思われてきました。しかし近年、細菌はお互いに高度な細胞間のコミュニケーション・ネットワークを用いて、環境の変化に適応して集団的な行動をとることが明らかになってきました。そして、この細菌の「多細胞性」あるいは「社会性」の重要な制御も、細菌の自殺装置にあることがわかってきたのです。

クオラムセンシング —— 細菌の集団感知システムと社会性

一般に、細菌は増殖してある一定の密度に達すると、増殖を停止します。これは、ある程度以上に細菌の密度が上がると、生息環境の栄養源を得ることが困難になるからです。

細菌がこの一定細胞密度を感知することができるのは、細菌同士がお互いの存在をモニターして、その細胞密度に対応して遺伝子発現を調節するというメカニズムを備えているからだと考えられます。

このような細菌密度の感知システムを、クオラムセンシングと呼びます。「クオラム」は議会などの定足数のことなので、「定足数の感知」ということになります。

このクオラムセンシングでも、細菌の自殺装置が重要なカギを握っています。つまり、自殺装置の誘導は、1個1個の細菌に独立に起きる現象ではなく、細菌の集団的な調節現象のひとつとしてはたらいていて、細菌が増殖して、ある一定以上の過剰な密度になると、初めてこの自殺装置がはたらき始めるようになっているのです。

たとえば、大腸菌を、短時間アンピシリンという抗生物質にさらすと、高密度（3×10^8から3×10^7個／mℓ）の状態では自殺装置が誘導されます。しかし、低密度（3×10^5から3×10^4個／mℓ）では誘導されないのです。では、この細菌は、この密度の差などの外的環境条件をどうやって感知しているのでしょうか。

研究者は、細菌が環境状態を感知して死を誘導するような外的な致死因子（external death factor ＝ＥＤＦ）を産生するのだろうと仮定しました。ＥＤＦは、細菌の対数増殖期では多く産生されていて、終止期のように細菌密度が高い時には産生されないとすれば、細胞死の有無をＥＤＦによって説明できると考えたのです。そして、対数増殖期の大腸菌の培地からＥＤＦを探索し、ついに同定することに成功したのです。

それは、たった5つのアミノ酸Ａｓｎ－Ａｓｎ－Ｔｒｐ－Ａｓｎ－Ａｓｎが結合した短いペプチドでした。そして、その活性の発揮には5つのアミノ酸がすべて必要で、他のアミノ酸に置き換えられないほど重要なものでした。ＥＤＦはもっと大きな前駆体タンパク質が合成され、それがタンパク分解酵素によって切り出されて培地に遊離されることもわかりました。まだ直接ＥＤＦに結合する細胞側の分子の実体は明らかでありませんが、ＥＤＦが集団の一部の細菌の表面膜と結合すると、その細胞は細胞膜の融解を起こして細胞死へと導かれます。

そのとき、ＥＤＦは、先に説明したＭａｚＦ（毒素）を誘導して、細胞死の執行にはたらかせます。さらに大切なことは、ＥＤＦがはたらく細胞の中では、ＥＤＦ遺伝子自身の発現がｍａｚＥＦモジュールに依存して制御されているということです。すなわち、毒素ＭａｚＦが活性化されると同時に、ＥＤＦの生産を増加する仕組みになっているので、いったんこのシステムがはたらきだすと、自律的に、細胞死がどんどん加速されることになります。

つまり、ｍａｚＥＦモジュールとＥＤＦシグナルのあいだには、お互いを活性化し合う（正のフィードバック・ループと呼ぶ）があり、お互いに依存した制御システムとしてはたらくことにより、細菌が増殖しすぎないように、自殺のプログラムを発動して速やかに混み具合を調整するのです。

クオラムセンシングは広範囲の細胞に認められるメカニズムであり、即座に細菌集団の細胞密度と多様性をモニターすることのできる細胞のあいだのコミュニケーション能力であるともいえます。定足数を感じる細菌は、自己誘導物質と呼ばれるシグナル分子を生産して分泌し、次に、これを検出できる能力を持っています。細胞がまばらであるところでも自己誘導物質は分泌されますが、検出可能なレベルにまでは蓄積しません。しかし、細胞集団密度が増えるに従って、自己誘導物質の細胞外濃度も増えます。臨界濃度に達すると、自己誘導物はセンサー・タンパク質によって検出されます。すると、この外部からの信号を細胞内の信号に変換し、遺伝子発現の変化が誘導されます。

クオラムセンシングは、最も簡単な誘導形式を使って、細菌を２つの行動のモード、「高い細胞密度状態」と、「適切な少ない細胞密度状態」、さらにいえば、「社会的なモード」と、適切な「個々の細胞のモード」に区分けしているのです。

細菌は、その生存環境でストレスが多い状態になって生存しにくいと感じると、ｍａｚＥＦのような自殺装置を誘導し、細菌集団の大半は死滅して、栄養物とシグナル分子を外界に遊離します。この遊離したシグナル分子は細胞のさらなる死滅を防ぎ、死滅した細菌の栄養物を利用して新たな増殖をすることで、最終的に、自然界で一定の細菌の集団を維持することができます。

なお、このような集団内での細胞間のコミュニケーションを調整している密度感知因子は、自殺のプログラムだけでなく、細菌の生物発光、病原性、バイオフィルム形成、胞子形成、接合、外部から遺伝子ＤＮＡを取り込むための至適条件など、多様な現象の制御にかかわっていることがわかってきました。

人間は、抗生物質を使って細菌との軍拡競争を始めた

細菌とファージなどの外敵との闘いについて述べてきましたが、ここで、人間と病原菌との闘いについて、抗生物質について少し触れておきましょう。抗生物質の抗菌作用は、最終的に細菌が死ぬかどうかが治療効果の上から大きな意味があり、殺菌薬と静菌薬という２つのカテゴリーに分類されています。

殺菌薬は、細菌を99・９％以上の効率で殺しますので、侵入した細菌を薬の直接作用で殺して感

染を止めてしまいます。一方、静菌薬は、単に成長を抑制するだけですが、細菌の増殖の拡大を防ぎ、そのあいだに、宿主のマクロファージが貪食や殺菌機能を発揮して、最終的に細菌を退治することができます。抗菌薬とその標的との相互作用はよく研究されていて、特に抗生物質の多くは、DNA複製と修復の阻害、タンパク質の合成の阻害、細胞壁合成の阻害の3つに分類されます。たとえば、殺菌性抗生物質の中のキノロン系化合物は、その標的としてDNAジャイレース（DNA二本鎖の両鎖を切断することにより鎖を回転させ、ねじれをとる働きをする酵素）に結合してDNA複製と修復を阻害し、その結果として、二重鎖DNAの切断を起こし、細胞死へと導きます。細胞壁合成阻害剤のペニシリンは、ペニシリン結合タンパクとペプチドグリカンと結合する糖ペプチドなどに結合して細胞壁合成を妨げ、溶菌させて細胞死を誘導します。また、抗生物質が活性酸素の産生を誘導して細菌を殺傷するという直接の殺菌メカニズムもあり、多くの殺菌性抗生物質は、いくつかの過程を経て最終的に活性酸素を生産することで細胞死を誘導します。

抗生物質に対する細菌の2つの戦略

細菌側から見れば、この抗生物質とどう戦って生き残るかの戦略が大事になります。細菌には、耐性と抵抗性と呼ばれる2つの戦略があります。耐性のメカニズムは分子レベルでよく理解されています。基本的には、細菌が薬剤を分解するか不活性にしてしまう、さらには薬剤を細菌外に排出して標的に直接接触させせない、などの戦略をとって、抗生物質に耐性となります。第1章で述べたように、その活性は基本的に薬剤耐性因子というプラスミドに含まれている遺伝子によっています。もう1つの戦略は「抵抗性」と呼ばれるもので、細菌が、自らを変化させて薬剤の効果を免れる方法です。薬剤抵抗性では、細菌の増殖速度を極端に遅くし、増殖ではたらきが必要となる抗生物質の標的分子に対する薬剤の効果を回避して、しぶとく生き延びるようになります。このしぶとく生き残る細菌を、パーシスター（persister）と呼びます。

ベット・ヘッジング戦略をとるパーシスター

ペニシリンが発見されて間もないころに、この抗生物質がブドウ球菌の大半を溶菌させるものの、すべての細菌を完全には死滅できずに最後まで生存してしまう細菌が残っているという観察がありました。これは耐性菌によるのではなくて、分裂しないで生存し続けるしぶとい細菌がわずかに残っているからだと推定されていました。この初期の重要な観察はその後忘れ去られ、そのままになっていましたが、1980年代に入って、問題を解決しようという研究が始まりました。たとえば、アンピシリンを大腸菌に添加したあとで残存している生存細菌を抗生物質なしの培地で増殖させ、その性質を調べたところ、2つの細胞集団があることがわかりました。その1つは従来から知られて抗生物質耐性を獲得した変異株でしたが、多くの細菌集団はこれとは全く別の集団で、パーシスターと名づけられました。

パーシスターは寝たふりをして、抗生物質の作用を潜り抜けて生き続ける戦略をとろうとしているのです。パーシスターの出現は、細菌が不安定な環境に置かれたときに、どのような条件でも一部が生き残り、全滅のリスクを回避するための戦略だと考えられます。そこで、パーシスター出現の戦略は、ルーレットのようなかけ事で、チップがなくならないように、赤と青の両方に賭けておく、ベット・ヘッジング（両賭け）と呼ばれる戦略だと想定されました。これは、一部の細菌が細々といつまでも残存して、条件が整ったら再び増殖を始め、ゲノムを子孫へと伝播しようとする戦略であり、パーシスターは、同族に対する「利他的な振る舞い」だといえます。いろいろな実験から、パーシスターは抗生物質に反応して遺伝子の変異を受けて出現するのではなく、細菌の集団のわずか一部の細菌が適応してとる「増殖上の特性の変換」であり、耐性とは対照的に、非遺伝的現象だと考えられました。

パーシスターも毒素－抗毒素システムを使う

このような「増殖上の特性の変換」という非遺伝的現象のため、どのようにしてパーシスターが生じ、またどんな遺伝子がはたらいているのかを突き止める研究は大変困難でした。しかし、顕微鏡により単一細胞の特性を分析する方法によって、主な集団とは表現型が異なる非常に稀なパーシスター細胞が同定され、その特性の分析が可能になりました。このような研究でhipAという遺伝子がクローズアップされ、その関連遺伝子のhipBが明らかになりました。驚いたことに、hipAとhipBは毒素と抗毒素の関係にあったのです。

そこで、パーシスターの出現と毒素－抗毒素システムとの関係が注目されました。毒素－抗毒素システムでは、両者の微調整をすることで、死ぬか生きるかのスイッチを安定的に維持することができます。そこで、外的環境の突然の変化などが起きても、個々の細菌が自発的にシステムをオンにしたりオフにしたりすることで、細胞集団の中に、正常な表現型とパーシスターの表現型の異種集団を生じさせるというベット・ヘッジング（両賭け）の戦略を実現することができるのです。そのスイッチの切り替えは、抗毒素のタンパク質分解、確率的な変動、または増殖速度の変化などによって調整が可能であり、この双方向性のスイッチメカニズムは、細菌自体が通常の状態ではたらかせることができるのです。特に、ほとんどの細菌が複数の毒素－抗毒素系を持っているので、それらを協調的にはたらかせて、より精度の高い効果を上げることができます。

治療を難しくするバイオフィルム感染症とパーシスター

パーシスターは休眠しているだけならばあまり問題はないのですが、バイオフィルム感染症と関係するので、治療上厄介な問題になります。細菌が菌体外多糖を作り、細菌の塊の周りを覆って作るのがバイオフィルムです。バイオフィルムは生体の免疫システムがはたらくのを物理的に邪魔して、細菌を守ることになります。

緑膿菌、黄色ブドウ球菌、表皮ブドウ球菌などがバイオフィルム感染症を起こし、細菌性心内膜炎、慢性気道感染症、慢性骨髄炎、尿路感染症など、難治性の細菌の感染が持続されてしまいます。また、虫歯の原因となる歯垢（プラーク）もバイオフィルムですし、歯と歯肉のすき間である歯周ポケット内にバイオフィルムが形成されると、炎症を引き起こし歯周病となります。

もし、バイオフィルムの中にパーシスターが含まれていると、抗生物質治療の猛攻撃からも生体の免疫システムからも守られて、生き残ってしまうことになります。とくに、抗生物質の濃度が減少すると、パーシスターはバイオフィルムに入り込み、バイオフィルム内で増殖して新しい浮遊細菌を生み出し、再びバイオフィルムを形成します。この状態になると、パーシスターがバイオフィルムに守られて、慢性的な感染状態が続き、細菌を殺すという治療目的を達成することが極めて難しくなるのです。パーシスターとバイオフィルム形成は、細菌が単一の細胞としてより、細胞集団としてしつこく抵抗して生存を図る戦略となっていることがわかります。細菌は人間が仕掛けた抗生物質という兵器に対しても、耐性と抵抗性という2つの戦略をとって、なかなか白旗を上げてはくれないので、人間と病原菌との軍拡競争はまだまだ続きそうです。

栄養不足が決める細菌の運命

細菌集団の普遍的で強い環境のシグナルは、栄養の不足です。栄養物の不足という重大な事態に直面すると、どの細菌種でも集団の一部の細胞の死をもたらします。個々の細菌が利己的な振る舞いを抑えて多細胞的な振る舞いをして、集団としての生存をかけた制御をする必要がでてくるからです。

その一例が先述したクオラムセンシングで、この自殺のプログラムは個々の細菌が単独で発動するのではなくて、細菌集団の細菌密度の感知と、環境変化に応じた個々の細菌の感知という2つの要因によって、集団の中の一部の細胞に自殺が誘導されます。この戦略では、ある細胞集団の犠牲の上に、他のメンバーを生存させるという利他的な戦略が成立するときに、はじめて進化上の選択が起きます。しかしこの戦略では、結果としてできるだけ多くの生存者を残すように調整しなくてはならないのですが、細菌自身はどう振る舞うべきかの自己決定を主導できないのが弱点です。

子孫を残すための枯草菌の共食いと胞子形成

さて、クオラムセンシングで多くの集団が生存できる栄養条件がさらに低下すると、種内の闘争が激しくなります。極端な場合は、1個の細菌が分裂して2つの娘細胞になったとき、どちらか一方が生き残ることで子孫を存続しなくてはならない状況もあるのです。

細菌の中には胞子を作るものがあります。胞子は、増殖条件が厳しい環境条件を乗り切るために休眠状態にある細胞（内生芽胞）です。胞子は簡単な蒸気滅菌などでは死滅しないほど頑強で、長期間生休眠した状態を持続でき、ひとたび環境条件が良くなると、また通常の細菌の増殖サイクルを開始するのです。そこで、胞子形成は、条件が向上するまで生き延びるための戦略として作り出される、細菌の「分化」の過程ということができます。

この胞子形成のサイクルは、単にバイパスのライフサイクルがあるというのではなく、細菌の生存のための激しい殺しあいの中から生じるのです。それは、集団の中の身内殺しの細胞殺傷の形式であり、「共食い」といえる現象です。

枯草菌では、栄養が欠乏したというストレスへの応答の切り札として胞子形成が起きます。遺伝学的に同一の細菌の集団であっても、個々の細菌すべてが胞子形成できるのではなくて、一部だけが胞子形成を起こすことができます。

胞子を作るときには、通常の対称的な細胞分裂ではなく、非対称的な分裂をして、「前胞子」と「母細胞」という違うタイプの細胞になります。「前胞子」と「母細胞」を分離する分裂の隔壁（セプタ）がいったん形成されてしまうと、「前胞子」は、もう通常の細胞分裂の形式には戻ることができなくなり、胞子形成へと進みます。

しかし、この胞子形成は、いったんスイッチが入ると長い時間がかかり、しかも消費するエネルギーも大きいのです。そこで、栄養条件が刻々と変わるような自然環境の中では、栄養が欠乏したために胞子形成を開始してしまっていても、もしすぐに好ましい栄養条件に戻るようなことがあると、ただちに細胞分裂を再開できる細胞に戻って、どんどん集団として子孫を拡大する方が有利です。

そこで、枯草菌は、栄養的ストレスが短時間だけならば、胞子形成をすぐに回避して増殖サイクルに戻って生き延びる手段を選べる可能性を残すようにしています。つまり、枯草菌の芽胞形成においては、胞子形成経路に入っても、まだ胞子形成から戻れないステージまで達していない細菌は、もう一方の細菌を殺してその栄養物を食べることで一時しのぎをして、胞子形成を遅らせるのです。これは、栄養状態を感知しながら次の対応を待つことで最も好ましい生存戦略を選ぶ能力への進化だと考えられます。

このメカニズムは、遺伝的に同一の細菌の集団の中で、「殺人者」の細胞と「犠牲者」の細胞という2つの異なった運命をたどる細胞を生じるので、「兄弟殺し」とも呼ばれています。この過程ではたらくタンパク質も、これまで述べてきた細菌の毒素‐抗毒素システムと類似の性質を持っています。

実際には、毒素に対応するのはＳｋｆＡというバクテリオシンと似たタンパク質で、抗毒素はＳｋｆＥです。ＳｋｆＥは、細胞膜のポンプの機能を持っていて、毒素であるＳｋｆＡを細胞外へ汲み出して、細胞内で毒素がはたらかないようにしています。胞子形成の最初の転換に必要な信号入力は、胞子形成のマスター制御因子であるＳｐｏ０Ａがカギを握っていて、枯草菌の胞子形成は次のように進みます。

栄養不足になると、分裂してできた2つの娘細胞は、双安定調節スイッチにより、Ｓｐｏ０Ａ‐オンの前胞子細胞とＳｐｏ０Ａ‐オフの母細胞になります。前胞子細胞では、胞子形成に必要なタンパク質を準備しつつ、毒素（ＳｋｆＡ）を作りますが、同時に抗毒素（ＳｋｆＥＦ）が、毒素を細胞外（隣り合う母細胞内へ）に放出してしまうので、前胞子細胞は殺傷されません。一方、母細胞は、前胞子から侵入してきた毒素によって溶菌します。

すると、前胞子細胞は、溶菌した母細菌から遊離された栄養物を食べて生き延びます。この栄養分が残っているあいだは、胞子形成は停止していて、元の細胞に戻れる可能性を残しています。しかし、栄養を食い尽くしてしまい、もはや栄養が補給されることがないと感知すると、はじめて前胞子細胞は胞子形成を開始します。

非対称性から細胞分化へ

枯草菌の胞子形成は、個々の細胞の振る舞いが、生存にとっての最終局面で、子孫を残す究極の戦略であったといえますが、見方を変えると、枯草菌の胞子形成のメカニズムで注目すべき重要な点は、胞子が多細胞生物における生殖細胞としての機能を持っていて、栄養補給的な細胞である体細胞との分岐の最初の姿のように見えることです。実際、ここで見られる細胞の不均等分裂は、多細胞生物の発生における細胞の不均等分裂と同等の意義を持っていて、その原型になっていると考えられます。細胞が自らの死をもって、同胞の子孫としての胞子を守ろうとするところから、多細胞体系における生殖細胞の出現への意図が生まれたと考えることができるでしょう。

枯草菌の胞子形成では、栄養不足が細菌の決断を迫り、遅い速度であっても増殖を続けるか、次の分化プログラムを誘導する引き金となって、プログラム細胞死と胞子形成を起こすかという選択が起こります。この場合は、環境に応答した細菌集団の変化が、最終的に、一部の細胞に分化と自殺に限定する細胞の運命決定の決断を迫るという点が重要です。

このプログラムが発動されると、まず非対称細胞分裂が始まります。そして、2つの非対称の細胞の一方の大型の母細胞では死に向かうプログラムが始まり、もう一方の小型の前胞子細胞では非増殖性で長命の胞子に向かうプログラムが始まります。つまり、飢餓の条件下の細胞集団は、細胞分裂のときの不均等分配によって、自爆して栄養を提供する細胞（利他的細胞）と、胞子として生存する細胞（利己的細胞）が、等しい割合で生じることになります。

この枯草菌の非対称分裂の過程では、片方の細胞は分化し、片方は死滅しますが、もし死滅する細胞が生存できれば、非対称分裂によって細胞の分化が起きる多細胞生物の形成の過程と一致しています。たとえば、神経幹細胞の分化などでは、分裂後の娘細胞の一方が親と同じ幹細胞のままに止まり、もう片方の細胞が神経分化に向かいます。また、このように非対称性は、多細胞生物で、体細胞（母細胞）と生殖細胞（胞子）という分化した2つの細胞を産み出す原型となったにちがいありません。

つまり、細菌の自殺のプログラムは、細胞の質的転換を誘導するメカニズムの基本形として、多細胞生物の細胞分化戦略の原型となった可能性があります。

第2章　利己的遺伝子が進めた細菌の遺伝子進化

これまで、利己的遺伝子としてのファージと、乗り物としての細菌との闘争という見方で細菌世界を眺めてきましたが、こうした利己的遺伝子と乗り物の闘争が、細菌の進化にどんな効果を及ぼしているかを、遺伝子進化の立場から概観してみることにします。

細菌の進化の歴史

遺伝子進化は系統樹を作って調べる

生物進化の研究は、解剖学的観察や考古学研究のように、化石と地質年代を組み合わせてその変遷を推定してゆく方法もありますが、現代の生物進化の研究者は、主として分子進化の手法を駆使しています。ここで、分子とはタンパク質やゲノムであり、比較の対象はタンパク質のアミノ酸配列や遺伝子の塩基配列です。

分子生物学が発展する以前は、2つの生き物の形を観察して、似通ったものは近いものとして、生物進化の系統が研究されました。この作業を続けてゆけば、やがて、より複雑なものからより簡単なものへと整理することができます。そして、似ているものはお互いに起源が近いと仮定すれば、多様な生物種は、似たもの、より似たもの、という形で整理でき、根元（起源）から枝分かれして出来上がったことを示す「系統樹」（生命の樹モデル、ツリーモデルとも呼びます）を描くことができます。これは、生物種の進化の歴史を図式的に表現したものになります。

タンパク質のアミノ酸配列がわかるようになると、形の代わりに、タンパク質の比較による系統樹を描くことができるようになりました。たとえば、グロビンのようなタンパク質を、ヒトとチンパンジーとマウスのあいだでアミノ酸配列を比較し、その違いの割合を数値的に表して、系統樹の分岐点を測定することが可能となります。これは分子進化による系統樹と呼ぶことができます。

さらに、ゲノム情報が解読されると、塩基配列の比較からも系統樹を作ることができます。遺伝子塩基の配列がどれくらい似ているかを、遺伝子の相同性といいます。遺伝子間の相同性は、たとえば、100塩基の中で、2つの塩基が違うか5つの塩基が違うかというように、数字でその違いを示すことができるので、系統樹はより精密に表現できます。また、相同性の違いは突然変異によって起きるので、変異が起きる頻度がすべての生物種間で同じと仮定すれば、相同性の違いから分岐の年代を推定できます。こうして遺伝子進化の系統樹を描くことは、ダーウィンの進化論の具体的な表現となります。

細菌の進化系統樹はクモの巣のようになる

さて、現代のゲノム情報解析が進む前の1970年代に、カール・ウース（Carl Richard Woese）は、分子進化の先駆けとなる手法を使って細菌の進化系統樹を描きました。この時期は、まだ遺伝子の塩基配列はわかっていなかったので、彼らは、どの細菌にも大量にあるリボソームRNAの構造を比較して系統樹を作ったのです。

すると、われわれの身の回りに生息する多くの細菌種（真正細菌と呼ぶ）と、メタン菌、高度好塩菌、好熱菌、超好熱菌など、極限環境に生息している古細菌種と呼ばれる細菌種の2つのグループとして大別されることがわかりました。古細菌の膜成分の脂肪酸はグリセロール－1－リン酸が、真正細菌ではグリセロール－3－リン酸が使われている、というような構成成分の違いも認められますが、この2つの系統の菌種は、遺伝子進化の上から、お互いに共通の祖先から分岐したこともわかったのです。

また、この系統樹では、真核生物は、真正細菌と分岐した後の古細菌から枝分かれしてできたことを示す図式となっています。そこで、真核生物（Eukarya）、真正細菌（Eubacteria）、古細菌（Archaea）の「生命の3ドメイン（超界）」仮説と呼ばれてきました。しかし、膨大な細菌種のゲノム情報が解読され、多数の遺伝子の相同性の比較などがおこなわれるようになってくると、この仮説は修正を迫られることになりました。

新しいゲノム情報の比較は、大量の遺伝子配列を多数の細菌種についておこなうので、研究者の眼での読み取りや比較分析能力では無理となり、コンピューターのアルゴリズムを使った詳細な分析方法が使われるようになりました。

遺伝子の相同性について、種間の比較をすると、基本的には枝分かれがより細かくなるツリーモデルに合致します。しかし、中には、枝分かれではなく、かなり離れた種間でも、場合によっては真正細菌と古細菌のあいだをつなぐ線を引かないと説明できないような遺伝子がたくさん出てきます。そこで、枝と枝のあいだにひもをかけたような形になり、このような修正をした系統樹は、ウェッブ（蜘蛛の巣）モデルと呼ばれます。

ウェッブモデルになる理由は、異なる細菌種のあいだで遺伝子が移動して交換が起きる水平伝搬と呼ぶ現象が起きていたからです。プラスミドやファージは細菌種間を超えて、平気で細菌から細菌に遺伝子を移動させる運び屋となっているので、水平伝搬の大きな駆動力であり、利己的遺伝子として大活躍をしたのです。

つまり、細菌の進化では、遺伝子の突然変異（ツリーで描ける進化）に加えて、利己的遺伝子のはたらきによる、ウェッブで描ける遺伝子移動が大きな寄与をしてきたのです。

遺伝子進化の全貌から見た、細菌の進化を進めた要因

ツリーモデルであれ、ウェッブモデルであれ、生命が始まった年代に遡ると、微生物化石も生物指標化合物もほとんどないため、その起源はよくわかっていません。しかし、現在の生物のゲノム組成から起源をたどるような分析をすれば、太古の生物地球化学的事象の痕跡を探し出すことができるかもしれません。

生物の3つのドメインにわたる遺伝子ファミリーの進化史を地質時代の年表上に位置付けた研究がありますが、図1に示すように、始生代のごく短いあいだに遺伝的に大きな革新が起きて、細菌系統が急激に多様化したことがわかりました。

図1は、細菌のゲノム進化についての特徴を示しています。まず、進化年代を通じて遺伝子の流入と消失がバランスをとっておこなわれていることです。これは、最初の動乱期が静まった時期から現在に至るまで、細菌のゲノムサイズがある程度の範囲内で変動が少ないままに維持されてきたことを示します。ということは、細菌が収容できるゲノムの量が限られていることを示しています。これについては真核生物との比較を含めて後述します。

この図からは、年代に応じた、遺伝子の誕生、移動、重複、消失などの変遷の様子も良くわかります。驚いたことに、この遺伝子の動乱期に、現在の主要な遺伝子ファミリーの27%がすでに誕生して

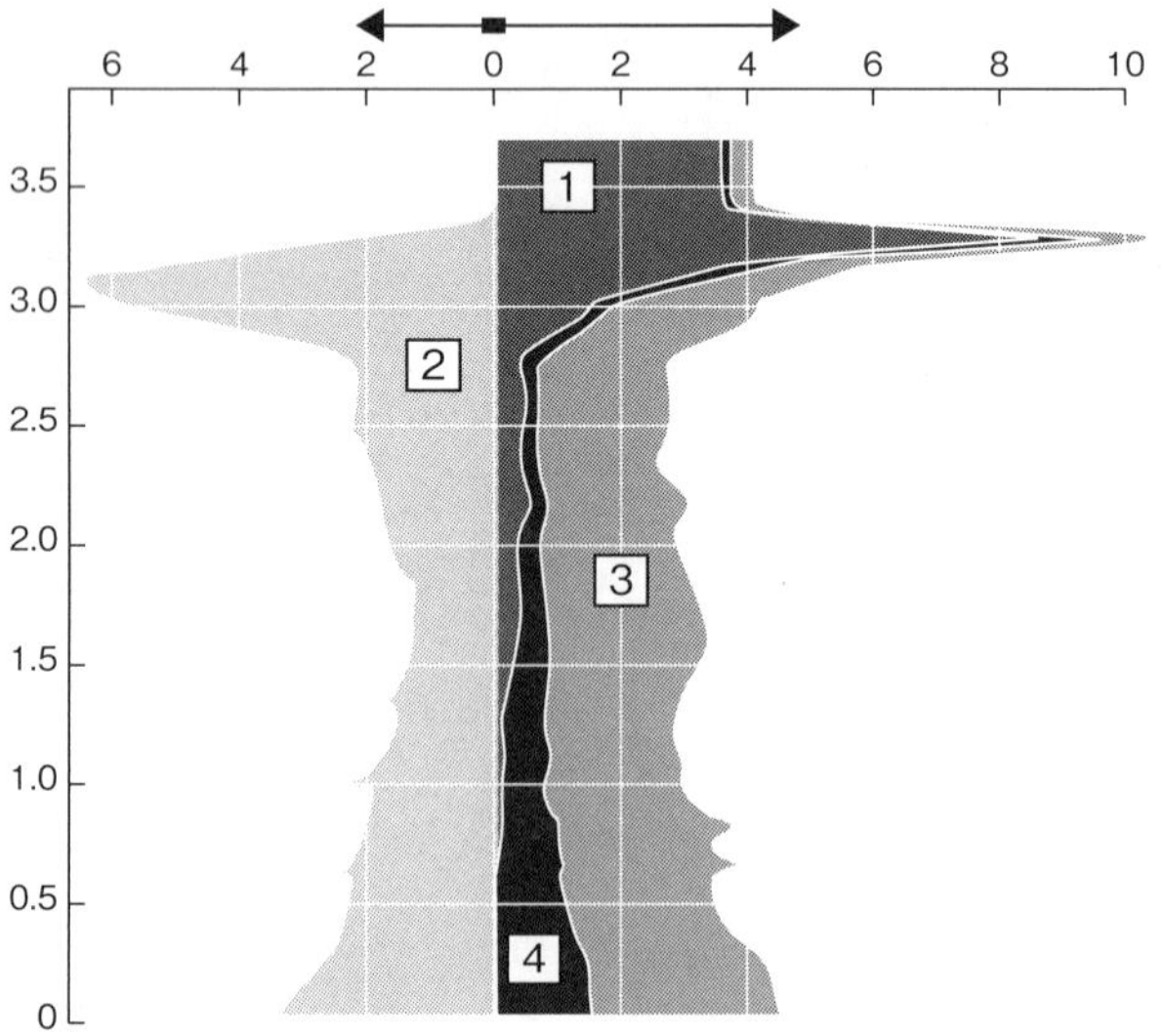

図１　最近の進化のあいだに起きたゲノム変化

縦軸は進化年代、横軸はゲノム量の相対的な量を表します。[1] は新生したゲノム量、[2] は進化のあいだに失われたゲノム量、[3] は獲得したゲノム量、[4] は遺伝子重複したゲノム量を表しています。

［註］この図は、David, L. A., & Alm, E. J. (2011) Rapid evolutionary innovation during an Archaean genetic expansion. *Nature, 469*, 93. の Fig. 1 を元に作成したものです。

いたことがわかります。
その後は、遺伝子の移動と消失がバランス良く起きていて、ゲノムサイズが安定的に維持され、現代までの進化の道筋を進んできていることがわかりました。さらに、遺伝子の重複は動乱期以降に増え続けて、現在までに至っています（遺伝子の重複については巻末用語解説参照）。
この始生代の遺伝子の拡大期に生じた遺伝子群は、その機能分析から、電子伝達と呼吸経路にかかわるものが多く認められました。そして、この拡大期以降に生じた遺伝子では、酸素分子や酸化還元感受性の遷移金属などがだんだん使われるようになったことを示しています。

このことは、この時期に、生物圏の酸素が増加したことによって、大きな環境の転換が起きたため、電子伝達と呼吸経路にかかわるタンパク質の遺伝子群が総入れ替えをして、環境に適応して大きな転換をしたことを裏付ける結果なのです。

大規模の遺伝子の総入れ替えには、流入と消失が必要ですが、ある細菌から消失した遺伝子は別の細菌に流入するというリサイクルをとっているので、細菌ワールド全体では総量は変わらず、伝搬を繰り返していることになります。

この遺伝子の移動、つまり、「水平伝搬」を駆動するものはファージやプラスミドであり、利己的遺伝子が細菌世界の進化の主人公であったことがよくわかります。もうひとつ特徴的なことは、遺伝子の重複がある特定の時期から増加していることです。

そこで、こうした細菌世界の進化を進めた要因について考えてみましょう。その大きな要因として、遺伝子の水平伝搬、重複化、突然変異の正の選択があります。

遺伝子の水平伝搬が細菌のゲノム進化の推進力

水平伝搬が決めた古細菌と真正細菌の分岐

細菌といっても膨大な種類があり、分類がされていて、主要な分類群は、系統樹の木の根元を共通にしています。こうした細菌の種と高次分類群の出現には、基本的に類似の進化的な機構が必要だったと考えられます。

それは、環境の変化に適応できるような系統特異的な遺伝子の革新（基本的には突然変異）が起きて、選択圧を乗り越えて定着することが必要だったということです。しかし、時間のかかる突然変異を待っているだけでなく、すでに存在する遺伝子を獲得するという手段も手っ取り早い方法で、実際、細菌間で水平伝搬が頻繁に起きていた証拠があります。

古細菌の高次分類群の起源を調べるために、塩基配列が解読されている古細菌134種のゲノム中のタンパク質コード遺伝子（全体数26万7568個）について、真正細菌1847種のゲノム中の相同遺伝子と照らし合わせ、遺伝子の分布および系統発生を明らかにするという膨大なゲノム分析研究が最近報告されました。

それによると、意外なことに、従来から知られていた古細菌の13の高次分類群が出現したのは、真正細菌から2264個にも及ぶ分類群特異的な遺伝子を獲得してから初めて起きたことがわかったのです。その主なものには、アミノ酸輸入と代謝（208の遺伝子）、エネルギー生産と転換（175の遺伝子）、無機イオン輸送と代謝（123の遺伝子）などがあります。つまり、古細菌での新機軸の高次分類群の出現には、真正細菌から代謝機能関連遺伝子を水平伝播によって獲得できたことが重要だったのです。

しかも、もっと驚くことは、この細菌ドメイン間を越えた水平伝播は、高度に非対称的なものでした。真正細菌から古細菌への遺伝子の伝播の頻度も多いのですが、その逆の古細菌から真正細菌への伝播は5倍以上も高かったのです。

転写因子の多様化をもたらした水平伝搬

細菌が生存をかけたゲノム進化を進めてゆく過程で、転写因子の役割は大きかったことがわかりました。転写因子とは、遺伝子の発現量を増やしたり減らしたりして、発現量を微調整するはたらきを持つタンパク質で、複数の遺伝子の発現を同時に微調整する機能も持っています。そこで、環境の変化が起きた時に、特定のタンパク質を作る構造遺伝子の機能を変換するための突然変異を起こさなくても、効率よく微調整で対応できるという重要なはたらきを持っています。

ゲノムの総合的比較分析は、大腸菌の転写因子をコードする遺伝子の多くが、大腸菌の祖先の遺伝子重複によって増やしてきたというより、むしろ水平伝搬で進化したことを示しています。大腸菌のゲノム分析では、遺伝子重複によって進化したと思われる大腸菌種特有の転写因子の割合は13％とわずかであり、実際の相互の調節を担っているものは5％から8％と、わずかな割合でしかありませんでした。

対照的に、転写因子遺伝子の大部分（64％）は、大腸菌の家系が進化的に袂を分かった細菌種と分岐した後に、他から新たな遺伝子の水平伝搬によって獲得されたものであることがわかったのです。遺伝子の水平伝搬によって獲得した転写因子の遺伝子は、新しい選択圧に耐えるように、自己のゲノム上に新たな再編成をおこない、新たに加わった転写因子と従来からある転写因子で制御上の機能の分担を図って進化してきたのです。

この結果から、生存に基本的な遺伝子の進化というよりも、それらを調整する形で遺伝子進化が起きていたことがわかります。ということは、大腸菌という種が成立したころには、すでに細菌のゲノムは基本的な構成が安定的に出来上がっていて、基本的な遺伝子の進化よりは、調整役の転写因子の遺伝子進化が重要になっていたことになります（転写因子と調整の関係については、第8章でもう一度議論します）。

そして、この複数の転写因子の機能分担が起きると、また、新たな水平伝搬によって、別の遺伝子を獲得するということを繰り返してゆきます。さらに、もともと自分が持っていなかった外部から侵入した遺伝子の分岐が進んでゆき、結果として、進化的に最も有利になる外部遺伝子の進化的な分岐が進んだというモデルが正しいことがわかりました。

つまり、集団の中で、より良い進化を遂げた遺伝子が細菌間の水平伝搬を繰り返して、共存共栄のかたちで細菌が進化して今日に至ったということになります。

ゲノム変化における重複化の割合は、図1に示したように、地球年代が進むにつれて増えていることがわかります。しかし、速い地球年代では、遺伝子の重複化は必ずしも有効ではなかったようです。つまり、早い地球年代では、細菌はその時出来上がっていた遺伝子を水平伝搬で使いまわしつつ、安定期に入ると水平伝搬よりも、保持している遺伝子の重複化をおこなって改良を重ねることと、突然変異によって、より良い遺伝子を作り上げてきたのです。

この結果は、早い地球年代では、利己的遺伝子が水平伝搬を駆動して進化を進め、ある程度安定期に入ると、細菌は利己的遺伝子を抑え込み、重複化と突然変異による遺伝子の進化が主流になってきたことが窺えます。

身の危険を顧みず進化したポリン遺伝子が、水平伝搬を進めた

こうした全体のゲノムの進化状況とともに、進化を進めた特定の遺伝子に注目してみましょう。生物進化は、役に立つ変化が世代を超えて頻度を増大させること、つまり、その生き物の増殖能力の優位性によって説明されてきました。そこで、細菌の中で進化的に積極的な貢献をした遺伝子は、進化の過程で自然選択が起きたはずで、自然選択を受けたことの証明は、その遺伝子が正の選択を受けたかどうかを調べればわかります。そこで、ヒトの病原体である5つの株を含むエシュリキア属大腸菌の6つの株と少しはなれたフレクスナー菌を用いて、正の選択が起きた遺伝子を選別すると、限られ

た遺伝子に正の選択があることがわかりました。

ここで、強い正の選択が認められたのは、ポリン（porin）と呼ばれる細胞外膜タンパク質の遺伝子でした。大腸菌の外膜では、栄養物の交換は豊富な水分で満たされた狭いタンパク質による穴によって調整されます。この膜の穴は、細い孔（ポア）の形状を持ち、その構成タンパク質がポリンです。ポリンは円筒形の構造を作り、細胞膜に分子の受動的拡散ができるほど大きな孔を作ることになり、低分子物質、親水性物質、荷電物質などの膜透過を可能にします。

だから、ポリンの集合体で形成する穴は、細菌の栄養摂取のために必要で、細菌が生存するために遺伝子進化が必要だったのはうなずけます。しかし、この遺伝子が正の選択を受けたのは、栄養摂取以外の機能だったのです。

大腸菌では、18種のポリンファミリーのタンパク質がありますが、このうちの5つ（ｌａｍＢ、ｏｍｐＣ、ｏｍｐＦ、ｏｍｐＷ、ｆｈｕＡ）の遺伝子だけが、正の選択を受けていたことがわかりました。これら正の選択を受けたポリン遺伝子には、栄養の膜透過性という本来の機能の他に、いずれも、ファージやコリシンの侵入のときに、一種の受容体として結合して、その侵入を助けるはたらきがあるという特徴があります。

たとえば、ＬａｍＢタンパク質は、マルトースという糖を細胞膜を通して細胞内に輸送するのが本来の機能ですが、ラムダ・ファージの受容体としてもはたらいています。このタンパク質の構造解析の結果、ファージと結合する限定された領域があることがわかっています。とくに重要な点は、このタンパク質の正の選択を受けている領域は、まさしくファージの結合領域に位置していたことです。

これは、ｌａｍＢ遺伝子に影響する正の選択が、ファージと結合できるかどうかという宿主の防衛体制に主要な選択がはたらいていたことを意味するのです。

同様に、ＯｍｐＣの場合も、ファージ感染の際に結合する領域が特定されていて、正の選択を受けているタンパク質領域は、ファージの結合領域に相当しています。

ＯｍｐＦはいくつかのコリシンの受容体としてはたらき、さらにコリシンの細胞内流入を助ける機能を持っています。正の選択を受けたタンパク質の領域は、やはりこの機能領域に相当しています。つまり、ｏｍｐＦ遺伝子の正の選択は、コリシンを介する宿主免疫システムを介した選択による結果だといえます。ＦｈｕＡも、コリシンやＴ１、Ｔ５などのファージの抗生物質の受容体として機能していて、ここでもファージとの結合領域が正の選択を受けています。

これらの結果から、正の選択を受けたポリンファミリーの遺伝子は、ファージやバクテリオシンとの相互作用の領域の機能が選択を受けていたことが確実です。ポリン遺伝子の進化は、外敵であり自殺を強要される利己的遺伝子を細菌が敢えて受け入れやすくするという「身の危険を顧みない」ことが、最終的には細菌の進化にとって有利だったことを意味しています。多様な細菌種でのポリン遺伝子の進化は水平伝搬能力を高め、多様な遺伝子を獲得し、それをシャッフルして内在化し、重複化や突然変異によって集団としての拡大、維持のための戦略とすることで、種として進化的な勝者となったことが明らかです。それは、鎖国をやめて海外の多様な文化を導入して富国強兵政策を取り、欧米に追いつこうとした明治時代の日本の姿と重なりますし、「乗り物」が「利己的遺伝子」を操ることにより進化を遂げてきた証拠ともいえるのです。

「赤の女王」仮説にしたがう海洋細菌とファージの共進化

地上だけでなく、海水も細菌やファージの宝庫です。海洋細菌にもファージが感染することは、20世紀中頃からはっきりしていましたが、海水には多量にあるファージなのに、電子顕微鏡写真でその形態が明らかになるまでには、さらに数十年もかかりました。

実験室での細菌とファージの関係から想定すると、このような海洋ウイルスは、感染する宿主細菌のコミュニティに相当な死亡率をもたらすものと考えられます。海洋ウイルスと宿主細菌の関係を明らかにすることは、海洋細菌とウイルスの生態学的関係や、海洋細菌とファージのあいだの水平伝搬など遺伝子進化を理解するために必要です。しかし、1リットルの海水中でも、何千種もの異なるファージが含まれていて、大部分は既知のファージとはかけ離れた種類であり、しかも、その形態や遺伝子型から感染する宿主細菌を特定することもできないので、その分析には大変な労力が必要です。何千、何万もの海洋ファージとその宿主細菌を独立に培養して明らかにすることはほとんど不可能だと考えられていました。

しかし、現在では、培養できなくても、海水の中のファージと細菌全体丸ごとゲノム分析をするというメタゲノム解析（巻末用語解説参照）が用いられるようになり、研究が進みました。この方法では、何千ものファージ全体のＤＮＡを抽出して、すべてのゲノム配列を解読します。そのうえで、こうして解読された数十億のゲノム配列を、既知のファージのゲノム配列のデータベースと符合させて分析します。

すると、実に海洋ファージの90％の配列は、既知のファージと類似性がなくて、大半は未知のファージだったことがわかり、その後の研究方法に行き詰まりがでてきました。しかし、こうした海洋のファージや細菌の中にも、まれに培養できるものがあったのです。

最近同定されたバクテリオファージ（ＨＭＯ－２０１１）は、海表面に豊富に遍在する一群の海洋細菌であるＳＡＲ１１６のメンバーに感染して溶菌することがわかり、このファージが、この海洋細菌の死亡の主原因であることが証明されました。そして、このファージのゲノム配列の解読から、このファージと近縁のファージが、すべての海洋のファージの10～25％を占めていることもわかりました。インド洋と太平洋のファージ・メタゲノム分析では、ＨＭＯ－２０１１とその宿主細菌のＳＡＲ11だけで、海洋細菌全体の30％も占めていることがわかったのです。

このように、海の中の生態系として、ＳＡＲ11という細菌の近縁の細菌が最もたくさん存在していて、しかも、その害敵であるウイルスも蔓延しているということは、極めて不思議なことに思われます。この大量のウイルスと宿主細菌の海洋系での繁殖の姿は、ＳＡＲ11細胞がウイルス捕食による感染を免れる特別の能力を持っていたということではありませんでした。むしろＳＡＲ11が非常に豊富に存在し得ていたのは、ウイルスとの軍拡競争によって、他の細菌よりうまく、海洋系の資源競争に適応するように進化し続けてきた結果であると見ることができます。

一般に、ウイルスと細菌のように敵対的な関係にある種のあいだでの共進化の方式は、「赤の女王」

仮説と呼ばれます。これは、ルイス・キャロルの『鏡の国のアリス』という小説に登場する「赤の女王」の、「その場にとどまるためには、全力で走り続けなければならない」という台詞から取られたもので、種や個体、遺伝子が生存するためには、進化し続けなければならないことを比喩的に表現したものです。海洋生態系という地球上の広範な領域では、細菌とウイルスの軍拡競争が継続することで、共進化を遂げてきていることを示すものです。

腸内での細菌と、ファージの集団的な互恵関係

抗生物質投与や食事などにより腸の微生物生態系に生じた混乱は、現在のところ、細菌の系統発生レベルでの動態の変化として解釈されていますが、腸に豊富に存在するファージ群がこの生態的ネットワークに及ぼす影響についてはあまり知られていませんでした。しかし、実験的に抗生物質投与によりマウスの腸の生態系に混乱を引き起こした後で、マウス糞便中のファージ個体群の塩基配列解読をおこなってみると、ファージオーム（phageome：ファージ集団全体のゲノム構成）が、細菌が適応するための遺伝学的なリザーバーとしてはたらいていることがわかったのです。注目できる点は、抗生物質投与により、投与された薬剤とは全く異なる機構を介して耐性を付与するファージゲノム由来の遺伝子が増加する、あるいは、投与された薬剤とは関連のない抗生物質に対する耐性を付与する遺伝子が増加する、というように、抗生物質投与に依存して腸内のファージの集団のゲノムに大きな変動

が認められました。これは、ストレスに関連する状況下で、ファージゲノムの機能的に有益な遺伝子が広範に増加したからだと考えられます。

さらに、抗生物質投与というストレスにより、ファージと細菌種のあいだの相互作用が拡大し、遺伝子交換が起きやすくなり、ファージと細菌のネットワークにより高度な接続が生み出されたことが認められました。腸内細菌での多剤耐性の出現には、細菌だけでなく、ファージオームが大きく関与していることがわかるとともに、ファージオームの適応能力が、腸内微生物叢を保護し、抗生物質によってストレスを受けた際にも、その堅固な機能的特性を維持するために、集団を基盤とする調整機構が存在する可能性を示しているといえます。

このように、腸内という生体系でのファージと細菌の集団は、お互いに軍拡競争をするだけでなく、遺伝子の水平伝搬などを利用して、むしろ互恵関係を築いているように見えます。

細菌世界の進化のまとめ

細菌の遺伝子進化では、年代の初めには、新生された遺伝子の割合が非常に高く、流入と消失が高速度で大量に起きています（図1参照）。このゲノム構成の動乱期を過ぎると、流入と消失の速度は遅くなり、現代まで安定的に進行しています。そして、動乱期を過ぎたころから、重複遺伝子の割合が増加してきます。この動乱期は、古細菌の拡大期と一致しています。

重複遺伝子の説明にあるように、重複遺伝子の意味は、突然変異によって環境適応能力を確保するのに有効となるので、重複遺伝子の割合の増加は適応に対応した突然変異の割合を示していることになります。また、突然変異によって遺伝子を改変し、自然選択を受けるというダーウィン的進化論の結果を示していることにもなります。

それに対して、動乱期に多い遺伝子流入と消失は水平伝搬によるものであり、ここでは既存の遺伝子を獲得することで、環境変化に適応してきたことを示しています。たとえば、古細菌で、新機軸の高次分類群が出現するのには、真正細菌からたくさんの代謝機能関連遺伝子を水平遺伝子伝播によって獲得できたことが重要だったこともその良い例です。

これは、細菌の進化を根元まで進めてゆくと、始原的細胞の成り立ちと、その進化の道筋を想定するうえで、面白い視点を提供していると思います。

仮に始原細胞が、第7章で示すように数百の遺伝子でスタートしたとしても、それら遺伝子の突然変異だけでは、その後の細菌の進化を説明することは難しそうです。それは、たとえば1つのタンパク質の機能を改良するために変異を積みかさねてゆくだけでは、急速な地球環境の変化に適応して生存できるような変異にありつけるのはかなり困難だからです。

始原細胞が出来上がった当時は、たとえてみれば、戦後の焼け野原の東京で、焼け残った板きれを集めて掘立小屋を作り、雨風を凌いだように、そこにある材料を可能な限り組み合わせて、手っ取り早く最低限の生き残り生活を始めたようなものでしょう。

だから、始原細胞が成立してしばらくのあいだは、遺伝子変異の積み重ねを待つのではなくて、生命前史で用意されていた遺伝子断片や、始原細胞が増殖しつつ、死んで放出された遺伝子断片などを、とっかえひっかえしながら、掘立小屋を少しずつ改良したと考えるのがよさそうです。遺伝子のとっかえひっかえには遺伝子の水平伝搬が必要であり、初期の細菌の進化を進めるのには最も適していたのです。結果としてツリー型ではなく、ウェッブ型の進化図が出来上がります。また、環境の変化に適応できるようになると、それぞれの細胞種はこぞって、可能な限りに既存の遺伝子を獲得したのでしょう。

この段階では、とっかえひっかえを推進しているのは、乗り物である細胞であり、利己的遺伝子は乗せてもらっていることになります。つまり、利己的遺伝子は乗り物を操るのではなく、乗り物に操られているのです。もちろん、細胞が自然選択を受けて生き延びたのは、獲得した遺伝子のおかげです。

何千もの細菌種の進化的な分類では、どんな生き物でも持っているリボソームRNAの遺伝子配列を解析し、細胞を有する生物の進化では、3ドメインの系統樹が正しいものと了解されてきました。しかし、遺伝子進化の研究が細菌にまで広げられるようになり、さらに多数の細菌種の完全なゲノム解読が進んでから、3ドメインの系統樹には疑問が提起されるようになりました。そして現在では、3ドメインの系統樹にクモの巣を這わせた形の、ウェッブ型の系統樹が妥当だと考えられるようになったのです。

その最も基本的な論点は、(1) 真正細菌から古細菌ではファージとプラスミドを介してお互いに全面的な水平伝搬が起きていたこと、(2) 原核生物では、ファージやプラスミドに対する防御と適応の歴史が、獲得免疫機能を持つＣＲＩＳＰＲシステムのように、ラマルク的遺伝子進化をもたらしていること、そして、（３）進化の発展性を促すような専用のメカニズム（たとえば、水平伝搬のための乗り物）の進化が起きていたこと、のように、整理されます。

さらに、非細胞的な生物領域であるファージと関連した利己的遺伝因子の系統樹的ゲノム解析や野外集団のメタゲノム解析は、もっと複雑な様相を呈しています。このような細菌やファージは、その遺伝子配列の資源としては、地球上で、もっとも多量な生物学的実体であり、遺伝的、分子的に豊富な多様性を持っています。

それはとりもなおさず、見える世界での生物の動向とは別に、見えざる微生物世界の利己的遺伝子たちの動向が、相変わらず地球上のゲノム進化の中心的な源泉となっていることを示していることになります。微生物世界の生物進化は、動植物を中心としたダーウィンの進化論に修正を加える必要が生じてきたことを示してもいるといえます。そして、このような微生物世界では、これまで述べてきたファージと細菌との軍拡競争がこれからもずっと継続してゆくはずですので、人類が滅びることがあっても、地球上の生命体の進化は進んでゆくということになります。

第3章　真核細胞の出現

これまで、利己的遺伝子と細菌の戦いについて述べてきましたが、ヒトを含む動物などは、細菌などの原核生物と違い、真核生物と呼ばれるグループに属します。そこで、これからは、真核細胞がどのように成立したか、そして、真核細胞では利己的遺伝子と細胞の戦いがどのようなものであるかについて考えてみたいと思います。

真核細胞の特徴

まず、動物の細胞（真核細胞）の基本的な形を見てみましょう。細菌の細胞（原核細胞）の構造は、DNAとタンパク質、リボソームなどが細胞膜で作られた容器（乗り物）に詰め込まれているという簡単な構造をしています。真核細胞と原核細胞という名前の通り、動物の細胞は核を持っていて、その中にDNAが染色体（クロマチン）という形で詰まっています。細菌のゲノムは、1本のDNA分子（半数体（haploid)、大体は環状をとり、末端がない）そのものですが、真核細胞では、ゲノムは染色体と呼ばれるＤＮＡとタンパク質の複合体を作っています。ヒトでは46本の染色体があり、１つの染色体は２本（父親と母親由来）（2倍体（diploid)）の線状のＤＮＡ分子が含まれています。

細胞質には、リボソームを含む小胞体、リソゾームなどの顆粒や、ミトコンドリアなどのオルガネラと呼ばれる構造体が含まれていて、微細構造もかなり複雑になっています。このような構造はほとんどの真核生物に共通で、光合成をおこなう葉緑体を含んでいる植物の細胞も、ゾウリムシやテトラヒメナのような単細胞で行動する真核生物でも、基本的には同じです。

そこで、細菌と比べて、どうして、こんなに複雑な真核生物の構造ができたのかという疑問がでてきます。とくに、どうして、核とミトコンドリアを持つようになったかは重要です。ここでも、利己的遺伝子と細胞の戦いという見方から、真核細胞の成り立ちを眺めてみましょう。

真核細胞出現のシナリオ

真核細胞はどのようにして成立したのでしょうか。現代の仮説では、真性細菌と古細菌の融合したキメラとして出来上がったという仮説と、始原的な真核細胞が出来たあとで細菌を飲み込んだという考えの、２つがあります。あとの仮説では、始原的な真核細胞の成立の状況を想定することは難しいので、２つの細菌の融合仮説に沿って説明します。

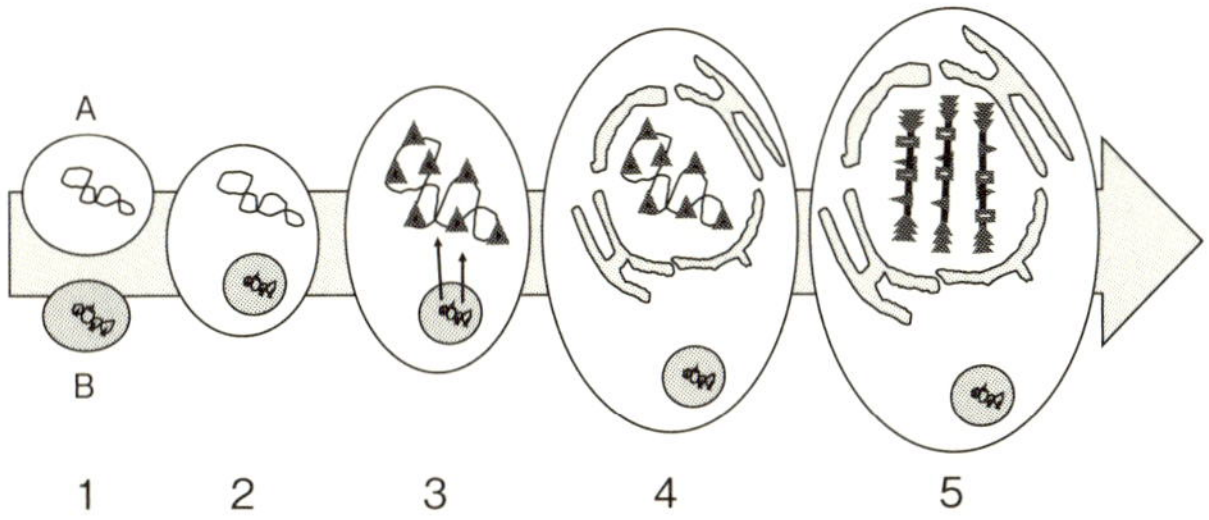

図２　真正細菌と古細菌の融合による真核細胞の成立過程

1　古細菌 (A) と真正細菌 (B)
2　真正細菌が古細菌の中に取り込まれる。
3　真正細菌ゲノム中のII型イントロン（黒三角）が古細菌ゲノムに侵入し、両ゲノム間の組み換えや再編を進め、両ゲノムの融合が起きる。
4　細胞内の膜成分が増え、核膜、核膜孔などが形成され、融合したゲノムは染色体として核内に局在化する。
5　さらにゲノムの切断を起こし、線状染色体が形成されるとともに、末端保護のための繰り返し構造を持つテロメアが形成される。II型イントロンは変化してスプライシングができるような配列（白四角）に変化し、核内で転写されたＲＮＡはスプライシングを受け、細胞質内に移行して翻訳され、タンパク質合成が可能となる。また真正細菌はミトコンドリア形成へと向かう。

［註］この図は筆者が作図したものですが、以下の論文の Fig.1 を元にしています。
Garavís, M., González, C., & Villasante, A. (2013) On the origin of the eukaryotic chromosome: The role of noncanonical DNA structures in telomere evolution. *Genome Biology and Evolution*, *5*, 1142.

細菌の融合説は、利己的遺伝子の表現型としての２つの細菌のあいだの、利己的闘争の結果と捉えることができます。利己的遺伝子の闘争は、結果としてお互いが補完的役割を持つように折り合いをつけて、真核細胞という新たな次元の細胞を生み出したのです。

この仮説では、図２に示すように、真正細菌のαプロテオバクテリアが古細菌に飲み込まれたとする仮説が有力だとされていますが、その過程はつぎのようなシナリオが考えられます。

２つの起源の異なる細菌どうしが一緒になり、１つの細胞を形成すると、細胞としての機能や構造を維持するためには、まず、２つのゲノムがそれぞれ勝手に複製するのではなく、細胞分裂時に同調化して複製する必要があります。

また、2つの細菌の細胞膜はそれぞれ違った膜脂質を持っていますが、細胞分裂の時に融合して、最終的な膜脂質組成を持った細胞が出来上がります。

細胞内のゲノム情報発現をみると、2つのゲノムはそれぞれ固有の複製や遺伝子発現を実行する酵素など（たとえばDNAポリメラーゼやRNAポリメラーゼ、タンパク合成装置であるリボソームなど）を持っていますが、どちらも基本的な機能はほとんど同じなので、どちらか1つで間に合います。そこで、適宜、どちらかの細菌に偏って統合されてゆきます。

現代の真核細胞は、古細菌ゲノムに多くを依存している

2つの細菌の融合時の特性がどのように変化してきたかは、現代の真核細胞のゲノムとの比較から推定することが可能です。真核細胞である酵母やヒトのゲノムを真正細菌や古細菌のゲノムと比較すると、酵母を例にとると、生存に必須の遺伝子や大量に発現している遺伝子群は、主として古細菌の遺伝子群にその起源があることがわかりました。

しかも、酵母内のタンパク質間の相互作用ネットワークにおいてよく連携していて、より重要な機能を担っていることもわかりました。酵母の生存を支える代謝機能をつかさどる遺伝子は、真正細菌よりも、古細菌からたくさん受け継がれたことになります。

下等な酵母だけでなく、ヒトの遺伝子を分析しても、古細菌起源の遺伝子が真正細菌よりも多いこ

とがわかっています。ヒトの遺伝子で、古細菌起源の遺伝子は、体の多くの組織に広く横断的に、また高濃度で発現していること、マウスゲノムでは、致死的な遺伝子（その遺伝子がなくなると死んでしまうという最重要遺伝子）に対応するものが多いこと、そして、細胞内情報過程などで重要であり、より進化的に保存された（重要であるために、変異が起きにくい）遺伝子が多く認められます。また、タンパク質がお互いに相互作用を持って機能するようなネットワークに関係した遺伝子は、古細菌起源のものが多いことも特徴です。

とくに、人間の健康の観点から最も興味深いことは、古細菌起源の遺伝子は遺伝性疾患に関係していないものが多いと推定されることで、これは、細胞の生存機能そのものに欠陥が生じれば、長い進化の過程で淘汰されてしまったからだと考えられます。

これらの結果は、20億年以上も前にできた真核生物は、現在のヒトの細胞の中でも、２つの細菌の起源とその特性を残しているといえますが、主な母体となったのは古細菌であり、古細菌が真正細菌を飲み込んで真核細胞が成立したという仮説を支持しているように見えます。

真核生物誕生のカギを握る細菌が見つけられた

真核生物が、核を持たない細菌からどのように進化したかは先に説明しましたが、まだ仮説の域を出ません。一般に、進化の道筋を明らかにするための考古学的な研究では、進化の中間段階にある生物が存在する証拠を、化石のような形で示す必要があります。現代の真核生物へ移行する中間段階の生物は細菌の形であっても、真核生物の形をしていても、どちらも化石のような方法で探すのは無理があります。

そこで、可能なことは、現存する細菌や真核細胞の中に、進化仮説を反映するようなものがあるかどうかを探すことになります。といっても細胞の形は似たり寄ったりですので、ゲノムの進化から分析するという方法が現実的な手段となります。

カール・ウースの3ドメインから予想される標準的な系統樹では、古細菌との共通祖先から分岐した後で、真核生物に向かう「枝」の長さが、とくに長いことが特徴です。ということは、いったん真核生物が成立してから長期にわたって多様性が生じていないか、真核生物の祖先の進化がとくに速いか、あるいは、先祖の真核生物から中間段階として分岐するものが絶滅してしまったか、など、たくさんの解釈が成り立ちます。

もし、始原的な真核生物種が幾種類か誕生したり、中間段階のものがあれば、その起源となる性質を持ち、既知の細菌種とは根本的に異なるような新たな細菌種が見つかるはずです。

最近になって、北極中央海嶺の海底熱水系のコア試料から、真核生物に最も近縁な細菌種の系統が発見されたという報告があります。この細菌種は、海底熱水系の名称にちなんで「ロキアーキオータ(Lokiarchaeota)門」と名付けられました。ロキアーキオータのゲノムには、アクチンや原始的な小胞輸送複合体の構成要素、ユビキチン修飾系、そしてRasスーパーファミリーに属するさまざまな低分子GTP結合タンパク質などの真核生物様の遺伝子が、既知の他の古細菌類よりも多く含まれていました。

この細菌種のゲノム解析を考慮して作成した系統樹では、古細菌門の「ロキアーキオータ門」の中に、真核生物の先祖が位置付けられることになり、真核生物と古細菌の最終共通祖先では、すでに真核生物の特徴の一部が出来上がっていたと想定されました。

その後も、世界中で7つの場所から水生の沈殿物の試料のメタゲノム解析が進み、ロキアーキオータと最も類似する古細菌が新たに見つかりました。これらの古細菌は、ゲノム分類上、ロキアーキオータを含めて4つに分類され、アスガルド亜界と命名されました。新しく発見されたアスガルド古細菌グループのゲノム中にも、細胞内のタンパク質輸送、シグナル伝達、タンパク質分解などで機能する、いくつかの真核生物の特徴を示す遺伝子が見つかりました。

中でも細胞骨格に関係するチュブリンタンパク質の遺伝子は、かなり現代の真核細胞に似たものでした。真核細胞はその形を変化させるために、その内部構造を組織化するのを助ける構造タンパク質が必要で、チュブリンは細胞骨格の重要な構成タンパク質であるだけでなく、真核細胞が細胞分裂するときに不可欠であるフィラメントを形成するタンパク質です。また、細胞骨格の維持管理をするARP2/3複合体のような細胞骨格構成タンパク質の遺伝子も見つかりました。また、真核生物には、細胞質内に網状構造とゴルジ複合体のような膜に結び付いた細胞内小器官があり、そのあいだでタンパク質が輸送されますが、アスガルド古細菌には、真核生物の膜輸送タンパク質の遺伝子も見つかりました。これらの特徴は、完全な真核生物の細胞骨格複合体とは同じではないものの、これまでは真核生物に特有であると思われていた細胞内機械が、未完成ながら古細菌にすでに存在していたことがはっきりしたのです。アスガルド古細菌は培養できないため、細胞機能の特性を直接検証することができませんが、その遺伝子の特性から、動的なアクチン細胞骨格、小胞輸送能と膜の再構築能、エンドサイトーシスやファゴサイトーシスなど、外部からの物質の取り込み機能を備えていることが明らかです。そこで、古細菌が共生細菌を取り込み、取り込まれた共生細菌が、現在の真核生物に不可欠なミトコンドリアの原型となったという仮説を強く支持する結果となっています。

ミトコンドリアがもたらした、真核生物のエネルギー革命

真核生物のミトコンドリアは、真正細菌由来である

これまで真正細菌が古細菌に飲み込まれて誕生したとする進化論的なシナリオに基づいて考えてきましたが、真正細菌のゲノムは消えてしまったのでしょうか。真正細菌のゲノムはほとんど失われたように見えますが、真核細胞の中で、ミトコンドリアという形で残っているのです。

現代の真核細胞の特徴は、動物であれ植物であれ、2つのゲノム、核とミトコンドリア（あるいは葉緑体）を持っています。ミトコンドリアは、その遺伝子の特徴から、αプロテオバクテリアという真正細菌を起源としていると想定されています。先の真正細菌と古細菌の融合のシナリオでは、細胞の代謝系など細胞の維持と複製には古細菌のゲノムが優勢となり、αプロテオバクテリアはゲノムを失いながら、ミトコンドリアに変形していったと想定されています。

真正細菌と古細菌の融合仮説によると、真核細胞の先祖は、ミトコンドリアを持たない嫌気性細菌（古細菌の先祖）であり、近代の古細菌と同じように、水素をATP産生の唯一の原料として使い、炭素源としては二酸化炭素、メチルアミン、蟻酸または酢酸を使っていました。

しかし、約20億年前に光合成シアノバクテリアが作り出した大量の酸素が地球の大気に入ったことによって、酸化的リン酸化システムを持つ細菌の捕獲をして、好気的代謝で維持できるようになり、これがミトコンドリアの起源だと説明されています。このようなシナリオを修正する議論もなされていますが、最近まで、細菌の内部共生仮説の基本的なメカニズムの大部分は変更されていません。

現代のミトコンドリアを持つ真核生物では、ミトコンドリアDNAは、基本単位が数十キロ塩基対程度のごく小さなものになってしまっていますが、染色体ゲノムの複製と同調して自分自身のゲノムの複製をしているので、細胞分裂をしても、細胞あたりのミトコンドリアの数は一定を保つことができます。この特徴は、ちょうど細菌とプラスミドの関係と類似であり、ミトコンドリアは、「プラスチド」と呼ばれることもあります。

また、そのゲノムは電子伝達系に関わるタンパク質、リボソームRNAやトランスファーRNAなど、数十種類の遺伝子をコードしています。しかし、ミトコンドリアを構成するタンパク質をコードする遺伝子の大部分は、今では真核細胞の核ゲノムに局在しています。そこで、ミトコンドリアのゲノムは、進化の過程のゲノム闘争を経て、多くが核ゲノムへと移行したと考えられています。見かけ上でミトコンドリア起源だと思われる核遺伝子の数は100を超えますが、これらのタンパク質は細胞質のリボソーム上で合成され、ミトコンドリアに取り込まれ、いったんミトコンドリアに取り込まれたタンパク質は、このオルガネラの中で安定に維持されていて、細胞が生存しているあいだは細胞質に戻ることはありません。

ミトコンドリアは、膨大なエネルギーの産生工場

40億年のあいだに原核生物から真核細胞がたった1回だけ出現し、それ以後の進化の過程で、真核生物は膨大なゲノムの複雑さを拡大して進化してきました。しかし、原核生物は、図1で説明したように、水平伝搬によってゲノム組成は多様に変換したものの、ゲノムサイズの大きな増加がほとんどなく、今日までほぼ一定に保たれてきました。その結果、現在の真核生物と細菌のゲノムサイズは、実に1000倍もの違いが生じてしまったのです。

そこで、なぜ真核生物はゲノムを増大させ、原核生物は変化しないままだったのかという疑問が生じますが、最近、この違いが生じたのは、ミトコンドリアの共生があったからだという興味ある仮説が提起されています。その理由として、原核生物のゲノムサイズは、生体エネルギー論の収支計算による制約を受けて決まっていたことが挙げられています。

細胞は、DNAの複製、メッセンジャーRNAへの転写、リボソーム上でのタンパク質合成などで、大量の生体エネルギー（ATP）を消費しています。たとえば、大腸菌でのエネルギーコスト計算では、全体のエネルギーのうち、DNA複製に2%、タンパク合成では、実に75%も消費しています。

生物のエネルギー生産は電子伝達系に依存しており、好気呼吸をおこなう時に起こす複数の代謝系

の最終段階の反応系として、生体膜の内側と外側にプロトンの濃度差を生じさせ、このプロトン濃度勾配を利用して、最終的にATP合成酵素がATPを生成し、ATPは細胞が生きている状態を維持するために、あらゆる側面でエネルギーとして使われます。

細菌では、生体エネルギーの生産は細胞膜に埋め込まれている電子伝達系のタンパク質に依存しています。細菌を取り囲む袋としての細胞膜の大きさは、最も効率よい大きさにできていますが、そのサイズの膜では、そこに埋め込まれる電子伝達系のタンパク質の量に限界があり、エネルギー生産の増大は見込めないのです。そこで細菌は、現在保有するゲノムサイズが限界となってしまっていて、もしゲノムDNAの量が増大すれば、それを反映した遺伝子発現を維持するエネルギー不足で破綻してしまうと計算されました。

それに対して、ミトコンドリアの膜は基本的に細菌と同じ構成をしていますが、すでに細菌の袋状の膜とは違い、ほとんどがクリステと呼ばれる折りたたまれた膜成分が重合していて、電子伝達系に必要な膜成分を大幅に増やし、生体エネルギー産生量を格段に増やすことができる構造に変身しています。その結果として、真核生物のコスト計算上は、核ゲノムは細菌のゲノムに比べて、20万倍ものDNA量を維持できるポテンシャルを備えていることになります。

ミトコンドリアのエネルギー産生に関わる電子伝達系のタンパク質はミトコンドリアゲノムにコードされていて、ミトコンドリア内のリボソーム上で合成されます。なお、エネルギー産生の最終段階にはたらくATP合成酵素は8種のタンパク質の複合体であり、2つはミトコンドリアゲノムに、残りの6つは核のゲノムにコードされています。細胞側で作られた6つのサブユニット・タンパク質はミトコンドリアへ運ばれ、２つのミトコンドリア製のサブユニット・タンパク質と組み合わされてＡＴＰ合成酵素が完成し、内膜で機能を発揮します。電子伝達系のタンパク質は、合成されるとすぐにミトコンドリア膜に埋め込まれやすくする必要があります。そのために、電子伝達系のタンパク質を合成するミトコンドリアのリボソームは、起源となる細菌と比べると形態が大きく変化してしまっています。このように、ミトコンドリアは、起源となる細菌の細胞膜がエネルギー産生を主目的とするように特化した姿に変えられたのです。

この十分なエネルギーの支えによって、真核生物は、発現できる遺伝子の数を著しく増大し、細胞の構造の複雑さや、遺伝子発現の多様な制御方式を獲得できたのです。ミトコンドリアとの共生は、真核生物がそれに見合うだけのエネルギー生産量を確保して、２つの細菌の融合による細胞内オルガネラの発達やゲノムの増量をもたらし、現代の真核細胞の姿に近い形に変容させ、進化的に飛躍的な発展をする原動力となったのです。

ヒトの進化の歴史において、人口の増大はエネルギー量の増大に支えられてきたといわれていますが、同じように、真核生物の飛躍的発展は、これを支えるミトコンドリアのエネルギー革命によってはじめてできたのです。

今も残る細菌と真核細胞の共生

ミトコンドリアの生成について、細菌どうしの融合とともに、真核細胞が細菌を飲みこんだとする考え方があります。われわれの体内のマクロファージは、侵入した細菌などを飲み込んで消化して防御機構としてはたらきます。このような貪食作用は、テトラヒメナやアメーバなど、単細胞の真核細胞でも認められます。

そこで、真核細胞がミトコンドリアと共生状態にあるのは、真核細胞が捕獲した好気性細菌とのあいだでの相互扶助の結果生じたのだと見なされています。しかし、別の見かたでは、両者の混在は、宿主と寄生した病原体の関係に相当していると見ることもできます。この場合には、両者の闘争をへて初めて、安定化した均衡状態を保てるように進化したと捉えることもできます。実際、現代でも、寄生細菌のいくつかでは、寄生した真核細胞を適切な栄養的な環境として使用するという、ある種の利己的な伝播の例があります。

たとえば、リケッチア、リステリアなどの病原菌では、哺乳動物に侵入して、宿主の細胞のシグナル経路を打倒することによって、自身の複製を可能にするという戦略を用いています。また、ボルバキアという細菌は、昆虫の卵母細胞に感染すると、殺すことなく、自分以外の細菌が感染した個体との交配を邪魔するような手立てを講じて、自分だけが細菌として生存できるようにする、つまり昆虫をこの細菌の依存症にするという戦略を取って生存を図っています。

単細胞の真核生物の中では、細菌と複雑な相互作用が起きています。たとえば、ミトコンドリアを持っていないアメーバの一種は、細胞質に好気性菌を共生者として共存させ、この共生細菌に、アメーバの好気的代謝に必要となる呼吸活性を担わせています。この共生細菌は、アメーバの細胞質内で数千倍にも増えることができ、アメーバはこの細菌に依存して生存するようになってしまい、もし細菌を殺すような処理をすると、このアメーバも死んでしまうのです。つまりアメーバは、エネルギー産生をしてくれる細菌に依存症になってしまったということができます。

だから、細菌と真核生物の共生においても、真核生物が共生細菌を操作したというより、共生細菌が真核生物を操作することによって現代の真核生物に進化してきたと見ることもできます。このような共生が成立するまでの複雑な進化過程は、内部的共生をもたらすための両者の闘争過程が、相互的な依存症の形式をもたらしたと解釈すればわかりやすいでしょう。

先に示したように古細菌と真正細菌の融合からスタートし、原始的な真核細胞が細菌を飲み込んだとしても、最終的に、ほとんどの真核細胞生物はミトコンドリアを保有していて、好気的なミトコンドリアのエネルギー産生能に依存するようになっています。そして、宿主細胞は、ミトコンドリア自身の複製ができるための最小限の遺伝子を残しながら、ミトコンドリアを形成するタンパク質の大部分の遺伝子を核のゲノム中でコードするようにして、細胞からミトコンドリアを離れられなくしたのです。

このようにして、真核細胞はミトコンドリアを自在に操る体制を確保しているように見えますが、まだ解決すべき問題が残されていました。それは、２つのゲノムの共生のゲノム闘争の結果は光と影を生じ、真核細胞に死を迫る新たな問題が生じたことです。この点については、後で詳しく説明します。

なお、ここでは多くを触れませんが、植物の葉緑体も、ミトコンドリアと同じ進化の歴史を持っています。植物の葉緑体は光合成をおこない、ミトコンドリアと同じように、植物細胞でのエネルギー産生工場となっています。葉緑体も独立のゲノムを持ち、宿主ゲノムと同調的に分裂し、細胞あたり通常10個から数百個含まれていて、プラスチドとも呼ばれます。葉緑体の起源も、光合成細菌のシアノバクテリアがほかの細菌に飲み込まれ、ミトコンドリアと同じような2つの細菌のゲノム闘争の結果現代の姿に変化したと考えられています。葉緑体は水と大気中の炭酸ガスを使って、太陽の光エネルギーを利用して炭水化物を合成し、水を分解する過程で生じた酸素を大気中に供給しています。

染色体と核の成立

さて、真核細胞の特徴である、染色体と核構造がどうして生じたかを考えてみましょう。まず、染色体の構造について少し詳しく説明します。

真核細胞の染色体の特徴

ヒトの染色体は46本に分けられ、それぞれ線状の染色体として存在しています。細胞の分裂期の染色体は、凝縮した2本の姉妹染色分体が中央のセントロメア領域を介してお互いに結合するので、ちょうどXのような形で観察されます。セントロメアは染色体の正確な分配に必要な構造ですが、染色体の末端の構造も重要で、テロメアと呼ばれています。

テロメアという名前はマラー（Harmann Muller：１９４６年ノーベル賞受賞者）が名付けたものです。およそ80年近く前に、マラーはマクリントック（Barbara McClintock：１９８３年ノーベル賞受賞者）とともに、染色体末端の構造はそのままにしておくと、染色体同士が末端でくっつき合ってしまい、染色体の複製と分配が妨げられ、染色体同士の組み換えを起こして不安定になるので、これを防ぐ特殊な末端構造がなくてはならないと予想していました。しかし、当時は、テロメアがどのようなメカニズムでその機能を果たしているかは推定することができませんでした。

線状ＤＮＡは複製するたびに両端が短くなる

ほとんどのプラスミドや原核生物のゲノムＤＮＡは環状をしているので、末端はありませんが、真核生物の染色体のＤＮＡは線状で、２つの末端があります。この線状の染色体の構造は厄介な問題を持っています。それは、この染色体構造は、ＤＮＡ分子を子孫に伝えるための複製の時に、親と同じままのＤＮＡ分子の形で残せるかという点で、問題を生じるからです。

それは、ＤＮＡの複製のメカニズムに原因があります。ＤＮＡ分子は、４つの塩基が糖の3′または5′位の炭素に結合した水酸基との間に形成されたリン酸ジエステル結合でつながれた直鎖状の高分子です。この分子結合の方向性が、ＤＮＡの方向性を示す目安として、5′－3′方向や3′－5′方向のように示されます。ＤＮＡは、5′－3′方向と3′－5′方向の逆向きの２本の相補的な鎖で構成されています。ＤＮＡの複製のメカニズムとして、ＤＮＡの複製酵素は、5′→3′という方向にしかＤＮＡを合成できないという特性を持っています。また、その複製の開始には、短いRNA断片（RNAプライマー）を必要とする特徴があります。これらの特徴から、DNAの二重らせんモデルを提唱したワトソンは、通常の複製機構だけでは線状DNAの最末端を完全に複製できないという「末端複製問題」があると指摘していました。

複製前の2本鎖DNAでは、それぞれの鎖は、ヌクレオチドを重合してゆく酵素反応の特性の制約で、逆向きの方向を持っています（3′から5′鎖と5′から3′鎖）。DNA合成が開始されると、部分的にDNAは1本鎖に解かれ、複製バブル（複製開始点）が形成されます。そして、片側の方向の娘鎖は1つのRNAプライマーから出発して一続きの1本鎖DNAが合成され、連続的複製をしてDNA合成が末端まで進行する鎖（リーディング鎖と呼ぶ）となります。

反対方向の娘鎖では、複数のRNAプライマーから出発したDNAが、3′方向へと断片的（発見者の岡崎令治にちなんで、岡崎断片という）に合成されます。次いで、岡崎断片のあいだに存在するRNAプライマーは分解され、そのあいだが埋め合わされて、最後に繋ぎ合わされた1本鎖のDNAが合成されます。このような面倒くさい不連続的な複製をする鎖をラッギング鎖と呼びます。

ここで問題なのは、3′から5′の方向性を持つDNA鎖を鋳型とする不連続複製で作られた娘鎖では、染色体の最末端に位置するRNAプライマーが分解されると、プライマーがないのでDNA鎖の合成ができず、結果としてRNAプライマーの長さだけ染色体末端が短いままになります。そこで、DNA複製をするたびごとに染色体末端のDNAは短くなってしまうことになります。これが末端複製問題ですが、細菌のゲノムは環状DNAであり、末端がないので、RNAプライマーの分解された配列部分はつながり、このような問題は起きません。

染色体を保護するテロメアの構造

では、真核細胞は、この染色体の末端の難題をどのように解決しているのでしょうか。そのためには、染色体末端の構造を知らなくてはなりません。まず、単細胞の真核生物であるテトラヒメナの短い染色体を解析していたブラックバーン（Elizabeth Blackburn）が、その末端に5′－CCCCAA－3′という6塩基の単純なリピート配列が存在することを発見しました。ちょうど同じ頃、パン酵母を用いてミニ染色体の研究を進めていたショスタック（Jack W. Szostak）は、線状のミニ染色体は不安定で、すぐに分解されてしまうことに気がつきました。

そこで2人は、テトラヒメナの単純な繰り返し配列をパン酵母のミニ染色体の末端に付けるという共同研究をおこないました。すると、テトラヒメナの単純な繰り返し配列は、それまで不安定だった酵母のミニ染色体を安定に維持させることがわかったのです。

この研究結果の説明として、2つの重要な考えが提示されました。単純な繰り返し配列は、線状の染色体の末端を安定に保護できること、そして、単純な繰り返し配列によって末端を保護するという機構が、繊毛虫類とパン酵母という進化的にかけ離れた生物種間で共通に使われているということです。その後の多くの研究によって、この考え方は正しいことがわかり、植物からヒトに至るまで、ほとんどの真核生物のテロメアが、同じような繰り返し配列を持っていることがわかりました。ヒトなど哺乳動物のテロメアは、TTAGGGという繰り返し配列からなることがわかっています。

テロメアを維持するテロメラーゼ

では、この単純な繰り返し配列を持つテロメアは、どのように染色体末端に付加されるのでしょうか。ブラックバーンとグライダー（Carol W. Greider）は、テロメアDNAを合成する酵素の探索を始め、テトラヒメナの細胞抽出液中に、そのような酵素活性が存在することを発見しました。彼らは、この酵素をテロメラーゼ（telomerase）と名付け、その酵素の精製をおこないました。

その結果、この酵素はタンパク質成分に加えて、RNA成分を含む特殊な酵素であること、そして、このRNA成分はテロメアの繰り返し配列に相当するCCCCAAという配列を持っていることを明らかにしました。その後の研究から、テロメラーゼは、自身のRNA成分を鋳型として用いながら、テロメア繰り返し配列を合成するという、特殊な逆転写酵素であることがわかりました。

そして、テロメラーゼが末端の繰り返し配列を合成して、染色体末端の長さを調節することによって、通常のDNA複製機構だけでは失われてしまう最末端を失うことなく、染色体を端から端まで複製することが可能となることを示しました。これで長年の懸案であった、DNAの末端複製の課題を見事に解決することができたのです。

では、細胞がテロメアをきちんと維持できないと、どうなってしまうのでしょうか。まず、ショスタックはパン酵母でテロメアが徐々に短くなる変異体を見出し、そのような変異体では細胞増殖が徐々に遅くなり、最終的に増殖が止まってしまうことを明らかにしました。ブラックバーンも、テトラヒメナのテロメラーゼRNA成分に変異を導入した実験をおこない、テロメアが維持できないと細胞増殖に異常が起きることを明らかにしています。こうした一連のテロメア研究で、ブラックバーン、グライダー、ショスタックはノーベル医学生理学賞を受賞しています。

Ⅱ型イントロンが導いた真核細胞の成立

では、真核細胞が成立する時に、なぜこのような面倒な構造を持つ染色体が生じたのでしょうか。そして、これを解決する手立ては、どのように講じたのでしょうか。そこで、2つの細菌が融合し、両者のゲノムが1つに融合して新しいゲノムが出来上がってゆく経過を考えてみましょう。

Ⅱ型イントロンは利己的遺伝子

この過程で重要なはたらきをしたのは、Ⅱ型イントロンという利己的遺伝子でした。Ⅱ型イントロンは、すでに真正細菌のゲノムに存在していて、染色体の構造、核膜、スプライシング反応など、現在の真核生物が持つ特徴を創生するのに関与したと想定されています。この仮説を説明するためには、Ⅱ型イントロンの理解が必要です。

現代の真核生物の遺伝子は、イントロン－エキソンのモザイク構造という特徴を持っています。イントロンとは、転写はされるが最終的に機能する転写産物からスプライシング（切りつなぎ）をして除去される塩基配列のことです。イントロンはアミノ酸配列には翻訳されず、スプライシング後に残ったエキソンと呼ぶ配列が、最終的にタンパク質へと翻訳されるアミノ酸配列情報を含んでいます。チェック（Thomas R. Cech）は、テトラヒメナのリボソームRNAにもイントロンがあることを発見し、このイントロンの除去は酵素によるのではなく、RNA自身が触媒的にはたらくという、めずらしい自己触媒によることを証明しました。自己触媒型のRNAは「リボザイム」と名付けられました。この自己スプライシング型リボザイムはI型イントロンに分類されます。

自己スプライシング型のI型イントロンは制限酵素をコードする領域があり、ゲノム内で転移現象を起こします。テトラヒメナで初めて見つかったのですが、真核生物の核遺伝子では極めてまれであり、真正細菌のゲノムや、真核生物の葉緑体やミトコンドリアのゲノム中に存在が確認されています。そして、真正細菌や古細菌には、他のタイプのイントロンが存在していることが発見されました。ゲノム中を転移する能力を持っていて、II型イントロンと呼ばれます。

II型イントロンは、自己スプライシング型のリボザイムですが、逆転写酵素をコードしていて、自分の遺伝子をコピーペーストして、宿主ゲノムに挿入するという形で、ゲノム内で転移現象を起こすのが重要な特徴です。それゆえ、II型イントロンは、自己をゲノム内で増やす能力を持つという点で、利己的遺伝子の性格を持っています。

II型イントロンは、動物細胞のゲノム中には存在せず、真核生物では、葉緑体とミトコンドリアのゲノムに存在します。また、真正細菌で多く見つけられますが、古細菌では少ないとされています。それゆえ、その起源は真正細菌にあり、真正細菌と古細菌が融合したときに、真正細菌から持ち込まれたものです。

スプライシング機構と核膜の出現

マーチンとクーニンは、このⅡ型イントロンが、真核生物の核膜の出現や染色体の特徴的な構造を生み出す原因になっていたと主張しています。

2つの細菌が融合すると、2つのゲノムは複製を重ねつつ、お互いのあいだで組み換えを起こし、遺伝子の転移が起きながら両者のキメラの形になってゆきます。ここで問題となるのは、真正細菌ゲノムが持ち込んだⅡ型イントロンの特性です。Ⅱ型イントロンの厄介な問題は、ゲノム上での転移という現象です。Ⅱ型イントロンは逆転写酵素とマチュラーゼという酵素をコードしていて、スプライス途中のRNAを鋳型としてDNAを合成し、これをゲノム中に挿入します。それゆえ、融合した相手の古細菌のゲノム中に、真正細菌ゲノムからたくさんのⅡ型イントロンが挿入され、場所によっては特定の遺伝子の真ん中に侵入してしまい、その遺伝子の情報が寸断されて、古細菌ゲノムには役に立たない遺伝子が続出することになります。

これを防ぐ手立ては、分断された遺伝子を活性な状態に維持することです。実際、現代の真核生物の遺伝子のほとんどが、エキソンとイントロンとのモザイク構造をとっていますが、スプライシングによってイントロンを切り離して、タンパク質のアミノ酸配列情報がつながったメッセンジャーRNAを作ります。これは、分断されていても、遺伝子を活性な状態を取れるように、Ⅱ型イントロンのスプライシングの機能を温存しつつ、現代のスプライソゾーム型に変化させてきたからだと想定されています。

また、Ⅱ型イントロンを不活化させても、遺伝子を分断しているイントロンを除去する装置は必要です。そこで、Ⅱ型イントロンの主要なRNAドメインは、段々にその姿を変容させ、現在の真核細胞が持つスプライソゾームの構成成分であるsnRNAとなりました。そして、スプライソゾームの構成要素となるタンパク質と会合して、転写されたRNAのスプライシング反応を触媒するようになったと想定されます。

一般に、細菌の転写（DNAからメッセンジャーRNAの合成）と翻訳（メッセンジャーRNAからのタンパク合成）はカップルしていて、合成されたメッセンジャーRNAは、すぐにタンパク合成の鋳型となります。そこで、融合細菌のなかでは、Ⅱ型イントロンを含んだメッセンジャーRNAができ、スプライシング機能がない時には、途中遮断された遺伝情報のままでタンパク質へと翻訳されてしまうことになります。その結果として、正しくないタンパク質や、途中でストップして半端なタンパク質が多く出来てしまい、細胞機能は立ち行かなくなります。そこで、イントロンを除くためのスプライシング機能を確立するとともに、転写と翻訳機能を隔絶する必要が生じ、核膜のような構造が必要となったと想定されています。つまり、核内でスプライシングを完了した後で、完全な形のメッセンジャーRNAを細胞質に移行して、細胞質のリボソームでタンパク質合成をするという、現在の真核細胞の方式と同じ方式をとるようになったというのです。

これらのプロセスをまとめると、図2に示すように、まず、利己的遺伝子としてのⅡ型イントロンは、2つの細菌の融合において、両者のゲノムを融合しつつ改変する駆動力としての機能を発揮します。それとともに、2つの細菌は、融合後に細胞内の膜構造を発達させ、ゲノムと細胞質を隔絶する核膜を作ります。核膜ができたことによって、核内ではゲノムからの転写とスプライシングをおこない、完成したメッセンジャーRNAは核から細胞質へ移動させ、細胞質内のリボソーム上でタンパク合成をおこなうようになります。こうして、核膜を作ることによって、転写とそれ以後のプロセスを分離することができ、Ⅱ型イントロンの負の遺産を抑えこむ仕組みが完成していったのです。

ほとんどのⅡ型イントロンは、現代の真核細胞の遺伝子のイントロンとなり、一部はスプライシング機能を失ってしまい、ゲノム中の不活性なDNA配列となりました。そして、後述するように、動物細胞のゲノム内には、大量の非LTR型レトロトランスポゾンとして残されていますし、レトロウイルスある逆転写酵素なども、Ⅱ型イントロンの逆転写酵素の末裔だと推定されています。

このように、マーチンとクーニンの仮説では、真正細菌の利己的遺伝子であるⅡ型イントロンが、真核生物の特徴である核膜とスプライシング反応を作り上げる原因となったとしています。これは、現在の情報を整理して導き出される仮説として、妥当性があると思われます。また彼らは、次に述べるように、線状の染色体構造も、この利己的遺伝子がもたらしたものであると主張しています。

線状染色体の出現

さて、こうした真核生物の遺伝子の発現の仕組みが出来上がるとともに、染色体の構造も大きな変貌を遂げてゆきました。

現代の細菌のゲノムの多くは環状構造をとっていますので、融合した時の真正細菌と古細菌のゲノムＤＮＡも環状構造だったと推定されます。しかし、これもⅡ型イントロンの特性から、ゲノム内にＤＮＡが挿入される出来事が起きるたびに、ＤＮＡは切断、再結合が起き、結果としてゲノムＤＮＡが環状からいくつかの線状の断片に変わったと考えることができます。

先に説明したように、線状のＤＮＡの末端は複製ごとに短くなるし、不安定要素が増しますので、その保護や維持が必要となります。そこで、Ⅱ型イントロン（あるいはその末裔である非ＬＴＲ型レトロトランスポゾン）が、線状ＤＮＡの末端を保護するために、最末端でのコピーペーストを繰り返して、最末端に、ある長さの配列を付加します。これが、現在の線状の染色体のテロメアの原型となったのではないかと想定されています。

そのうちに、Ⅱ型イントロンの逆転写酵素の変異が起きて、機能や構造の上から現在のテロメラーゼという酵素へと進化し、先に述べた真核生物の独自のテロメア維持機構が出来上がります。

細菌の環状ＤＮＡは、複製し終わったら、２つの同一ゲノムＤＮＡ分子を２つの娘細胞に分配すれば良いのですが、真核細胞では、多数の線状ＤＮＡ断片としての染色体を、間違いなく娘細胞に分配する機構が必要です。セントロメアは、細胞分裂の時に、それぞれの相同染色体を分配するために必須の領域で、ある程度の長さの繰り返し配列を持っています。

繰り返し配列を持つという点では、テロメアもセントロメアも同じ性質を持っているので、真核生物の成立時には、原型のテロメア構造は末端の保護とともに、染色体の分配機能も果たしていたと考えられます。そのうち、染色体末端と同じような方法で繰り返し配列を作り、染色体の中心部に挿入してセントロメアを作り上げた可能性があり、これにより、現在の真核細胞での染色体分配の仕組みが出来上がったのです。

ショウジョウバエはテロメラーゼを持っていなかった

さて、出現した真核細胞は不安定な要素を抱えたまま、その後のたび重なる改善を施して、新しい増殖機械としての進化を進めて、現代の真核細胞の姿にまでたどり着きました。

とくに、染色体の末端の保護は大きな問題でした。成立したばかりの真核細胞では、はじめはⅡ型イントロンが持っている逆転写酵素が、末端にコピーペーストして配列を加える反応で保護してきましたが、危なっかしい感じがします。現代の真核細胞は、こうした危ない橋を渡りながら、進化の最終結果として、テロメアとテロメラーゼによる染色体末端構造の維持という巧妙な方法にたどりついたのです。

それゆえ、テロメアとテロメラーゼによる染色体末端構造の維持機構は、すべての真核生物で基本的に共通のメカニズムだと想定されていました。しかし、ショウジョウバエの染色体末端構造の研究から思わぬことがわかったのです。それは、ショウジョウバエの染色体末端は、他の動物細胞の構造と似た繰り返し構造を持っていたのですが、驚いたことに、テロメラーゼという酵素を持っていなかったのです。

では、ショウジョウバエでは、どうやって染色体の末端構造の維持をしているのでしょうか。ショウジョウバエの染色体の末端構造を詳しく調べると、テロメラーゼの代わりに、3種のテロメア特異的なレトロトランスポゾンが、染色体末端の維持にはたらいていることがわかったのです。

ここで、トランスポゾンとは、細胞内のゲノム上の位置を転移することのできる塩基配列の総称で、可動遺伝子、転移因子とも呼ばれます。バーバラ・マクリントックは、1940年代にトウモロコシの実に見られる斑に着目し、その原因がトランスポゾンの転移によることを証明し、この業績により、1983年にノーベル生理学・医学賞を受賞しています。彼女が発見したトランスポゾンはDNA断片が直接転移するDNA型と呼ばれるものであり、レトロトランスポゾンはRNA型です。RNA型は、逆転写酵素を持つレトロウイルスの起源である可能性が示唆されていて、レトロトランスポゾンと呼ばれます。レトロトランスポゾンは転写を受けた後、自身がコードする逆転写酵素によってmRNAからcDNAを作り出し、再度染色体に挿入されます。

ショウジョウバエのレトロトランスポゾンは、その複製酵素のはたらきで染色体の末端に繰り返し配列を付加して、他の生物種と類似した末端構造を作り出しています。また、テロメアの保護のためにレトロトランスポゾンが作り出した繰り返し配列構造が、染色体の中央部に転移してセントロメアとなり、細胞分裂の際の染色体分配機能に使われるようになったと推定されています。しかも、この末端保護のやり方は、類縁のハエでも見つかり、ショウジョウバエのテロメアの維持機構は、ショウジョウバエ類の先祖が進化的に分岐する前に、すでに出来上がっていて、かなり古い起源であることがわかりました。

ショウジョウバエのテロメアとセントロメアは、動的な染色体末端を維持して、分配もしなくてはならないという差し迫ったメカニズムを維持するために、やむをえず、侵入したレトロトランスポゾンの機能を利用したといえるのです。

テロメラーゼは逆転写酵素の一種だった

このレトロトランスポゾンによるショウジョウバエの末端の維持機構は、先に説明した真核生物の成り立ちの時のⅡ型イントロンの維持機構と、ほとんど同じことに気がつきます。

レトロトランスポゾンも利己的遺伝子であり、ショウジョウバエゲノムとのあいだで戦いを起こしつつも、お互いの互恵関係を維持してきたのです。ショウジョウバエは、自身のゲノムのテロメアをレトロトランスポゾンによって守らせる一方で、レトロトランスポゾンの利己的特性を許して、お互いに共進化をとげてきたのです。

このように、ショウジョウバエの染色体末端の保護機構はまだ完全とはいえず、真核細胞誕生後の進化の途中にあるものだと考えられます。ショウジョウバエの寿命は60日ぐらいであり、ヒトなどの寿命と比べると短いので、染色体の末端が不完全であったとしても、現実的には問題がなかったためにに温存されてしまったのかもしれません。いずれにしても、ショウジョウバエだけがレトロトランスポゾンの助けにより染色体末端の維持をするのは、極めて例外的なものだと思われます。ただ、調査が行き届かないだけで、他にもテロメラーゼを持っていない真核生物がいる可能性もあります。

さて、レトロトランスポゾンとレトロウイルスのゲノムはよく構造が似ていて、ともに逆転写酵素を持っています。逆転写酵素は、ＲＮＡを鋳型としてＤＮＡを重合する酵素で、多数のファミリーを形成しています。一般に逆転写酵素は、レトロウイルスやレトロトランスポゾンにのみ由来するものであり、宿主となる動物細胞では、同じような機能を持つ酵素はないと信じられていました。しかし、遺伝子構造の相同性の比較から、宿主細胞の染色体の末端維持にはたらいているテロメラーゼは、唯一の顕著な例外として、逆転写酵素のファミリーに属していることがわかったのです。

よく考えてみれば、テロメラーゼはテロメアの繰り返し配列に相当するＣＣＣＡＡというＲＮＡの配列を鋳型としてＤＮＡを合成するので、逆転写酵素と同じ機能を持っているのは頷けます。レトロトランスポゾンの逆転写酵素とテロメラーゼの遺伝子の構造の類似性は、その戦略が違っていても、テロメアの保存と維持という、もともと真核細胞の基本的で必須の要求に対応した戦略の進化の結果だと考えられます。

なお、ヒトや酵母のテロメラーゼは、逆転写酵素ファミリーに属するものの、レトロウイルスやレトロトランスポゾンのファミリーとは明らかに異なるファミリーとして分類されています。テロメラーゼは、逆転写酵素の遺伝子ファミリーの進化において、系統発生的に早く分岐していたことがわかります。テロメラーゼを持つようになった真核細胞は、染色体を安定化して、増殖機械としての優位性を確保したために、その後の進化で大きく種を拡大できた可能性があります。逆にいえば、染色体末端の維持は、真核細胞の成立にとって、どうしても避けられない重要な課題だったといえます。

利己的遺伝子が誘導した、真核細胞成立のシナリオ

真正細菌と古細菌の融合がもたらしたキメラの細胞は、核と染色体という細菌にはなかった新しい構造を生み出しながら真核細胞へと変身したのですが、この変身には、利己的遺伝子であるⅡ型イントロンが大きな役割を果たしました。

2つの細菌が融合した後のキメラの細胞では、最終的に1つのゲノムに落ち着くまでに、古細菌と真正細菌とのゲノム間の闘争が起こります。お互いに相同的な遺伝子を持っているので、ゲノムの融合によって、一部の遺伝子では重複化が起きて、環境変化への適応能力を増すような進化の要因にもなりました。先に示したように、現在の真核生物のゲノムは古細菌のゲノムの寄与が大きいので、最終的には古細菌のゲノムが勝利したように見えます。

しかし、真正細菌ゲノムの中にあったⅡ型イントロンは、その利己性を示して古細菌のゲノムに入り込み、急激にコピーペーストを繰り返しては古細菌ゲノムの転写と翻訳の連携を乱し、また、ゲノムの断片化を起こしました。

そこで、このようなゲノムの転写翻訳の混乱を防ぐために、核膜が作られました。また、ゲノムの断片化が起こしたリスクの回避のためには、線状の染色体という新しいゲノムの形を生み出しました。染色体の構造ができたことにより、テロメアという末端の保護、さらには細胞分裂に伴う染色体の分配を制御するセントロメアも必要になりました。

そして、染色体はヒストンという核タンパク質と結合してコンパクトな形になり、細胞分裂の時の染色体の分配のために必要となるメカニズムも進化してゆきます。ここで重要なことは、Ⅱ型イントロンはゲノムの破壊を進めるという、生存に対してリスクを高める効果がありましたが、それが契機となって新しい真核細胞を生み出す原動力にもなったのです。

テロメラーゼがないショウジョウバエで明らかになったように、レトロトランスポゾンは、テロメアの保護のために繰り返し配列構造を作り、これが染色体の中央部に転移してセントロメアも作ります。このショウジョウバエの染色体の特性は、真核細胞の成立の途中段階では、現在の真核細胞とは違い、Ⅱ型イントロンがコピーペーストをして染色体の末端を守り、染色体の分配に必要なセントロメアも作りだしていたことを想像させます。

このように、Ⅱ型イントロンは利己的遺伝子として、染色体を生み出す原動力となり、さらに染色体の維持や分配の仕組みを作りだすのにも貢献したのです。つまり、細菌の融合から真核生物の成り立ちにおいて、Ⅱ型イントロンはゲノムの破壊をしながら、新しいゲノムを持つ染色体と、それを内包する核という細胞分裂装置の開発に大きな役割を果たしたのです。つまり、利己的遺伝子は、その利己性が真核細胞成立を促すという利他的役割を演じつつ、真核細胞のゲノム中に内在化していきながら、真核細胞の進化に貢献したことが明白であり、その役割はファージやプラスミドと細菌の関係とよく似ています。

まだ続いている、利己的遺伝子と真核細胞との戦い

真核細胞の中である程度Ⅱ型イントロンの活動が収まり、安定的な真核細胞として維持できるような状態になった後も、Ⅱ型イントロンは、真核細胞の中でレトロトランスポゾンに姿を変え、現代の生物種の中でも、さらに利己的遺伝子としての振る舞いを発揮し続けているのです。

レトロトランスポゾンとはどんなものでしょうか。ゲノム解読に伴い、ヒトなどの染色体ゲノムの中には、レトロウイルスゲノムと類似の構造を持つ配列がたくさんあることがわかってきました。その構造はレトロウイルスゲノムとよく似ているものの、ウイルスとして感染できないような不活性の状態に構造が変化しています。

これは、最初にウイルスとして細胞に侵入し、ゲノム内に挿入されて、ゲノム内を転々としたあと、不活性化されたものが化石のようにゲノム内に残存したものであると考えられ、レトロトランスポゾンと総称されました。

レトロトランスポゾンの特徴は、自身のＤＮＡ配列から転写されたＲＮＡ配列を、逆転写反応によってＤＮＡのコピーを作り、このコピーをゲノムの別の場所に挿入することで転移する能力を持っ

ていることです。そこで、コピーペーストを繰り返すⅡ型イントロンとほとんど同じやりかたで、ゲノム内で転移して自身のゲノムを増やしてゆき、いまだに利己的遺伝子として行動します。

実際に、ヒトゲノムに存在する転移因子の大部分はレトロトランスポゾンです。レトロトランスポゾンが局在する構造遺伝子の近く、あるいは遺伝子内にＤＮＡ配列として挿入されると、その遺伝子に突然変異が起きます。その上、レトロトランスポゾンにより引き起こされる突然変異は、複製による転移の際に挿入部位での配列が保持されて、次世代に比較的安定に継承されますので、結果としてゲノム量の増加を起こすことになります。レトロトランスポゾンの転移と、その宿主のゲノム内での残留の様相は、何千万年にわたってきたレトロトランスポゾンと宿主ゲノムとのあいだの闘争と共進化の結果、両者にとって有害な影響を避けるような制御形式が維持されています。

レトロトランスポゾンは、末端に長い反復配列を持つ「ＬＴＲ（long terminal repeat）型レトロトランスポゾン」と、それ以外の「非ＬＴＲ型レトロトランスポゾン」との2つに類別さます。ＬＴＲ型レトロトランスポゾンの端末には、１００塩基対程度から５０００塩基対を超える長い反復配列があります。非ＬＴＲ型レトロトランスポゾンは、「ＬＩＮＥ」（long interspersed nuclear element：長鎖散在反復配列）と「ＳＩＮＥ」（short interspersed nuclear element：短鎖散在反復配列）との2種類があります。

ＬＩＮＥは、ヒトゲノムに約85万コピー（ゲノムの21％）存在し、ＳＩＮＥは、ヒトゲノムに約１５０万コピー（ゲノムの13％）存在し、ともに現在も転移する能力を持つ配列が存在しています。だから、非常に利己性の強い利己的遺伝子だったといえます。

こうしたレトロトランスポゾンの活動の歴史は、ゲノムＤＮＡ中の残骸として、ジャンク（junk：

ごみ）ＤＮＡとも呼ばれています。しかし、最近になって、こうしたレトロトランスポゾンが残した残骸の中には、挿入後に多様な変化を起こし、遺伝子の転写の調節配列（シス－エレメント）となったり、ＲＮＡを介する転写後の制御になったりしていることがわかりました。また、クロマチン（真核生物の細胞核内にあるＤＮＡとタンパク質の複合体）を介するエピジェネティックな制御機構（巻末用語解説参照）にもなって、真核生物の精妙な遺伝子制御に貢献していることが明らかになってきています。

レトロトランスポゾンと宿主ゲノムとの戦い

ヒトゲノム中に大量のレトロトランスポゾン由来の配列が残存していることは、この利己的遺伝子の利己性が強く、宿主細胞はたじたじだったように見えます。しかし、宿主側にも、トランスポゾンを抑え込む機構があることがはっきりしてきました。

ヒトを含む霊長類のゲノムも、頻繁にレトロトランスポゾンの挿入に直面してきましたが、レトロトランスポゾンの挿入を防止するだけでなく、挿入された配列が発現することを阻止するという対処方策を講じ、ゲノムを進化させてきたこともわかりました。

レトロトランスポゾンを阻止するメカニズムとしては、特にその発現を抑制するために、ＫＲＡＢジンクフィンガー（ＫＺＮＦ）タンパク質がはたらいています。ＫＺＮＦ遺伝子は、霊長類で最も急激に広がった遺伝子ファミリーのひとつであり、霊長類が新たに出現したレトロトランスポゾンの侵入に対処できたのは、このファミリーの拡大が起きたからだと考えられています。

ＥＳ細胞の研究から、このような阻止機構は、霊長類だけでなく、マウスにも存在していることがわかりました。そこで、この阻止機能を裏付ける証拠として、霊長類に特異的な2種類のＫＺＮＦ遺伝子を、マウスＥＳ細胞に導入してその作用が調べられました。すると、この2種類のＫＺＮＦ遺伝子は、２５００万年前に出現し、ヒトゲノムで現在も活性を持っているＳＶＡ（SINE-VNTR-Alu）やＬ１（long interspersed nuclear element 1）というレトロトランスポゾンのファミリーを抑制するために、進化したものだということがわかりました。

さらに、ＫＺＮＦ遺伝子ファミリーは、レトロトランスポゾンの出現の前にあらかじめファミリーを拡大し、新たに侵入してくるレトロトランスポゾンの活動を迎え撃って抑制してきたこともわかりました。しかし、こうした宿主の防衛に対して、レトロトランスポゾンも変異を起こして抑制から逃れる方策を講じます。ここでも、お互いの軍拡競争が繰り返されてきた歴史があったことが、ゲノム情報の中から読み取ることができます。

面白いことに、哺乳類の進化が霊長類に至るまで進んだところで、どういうわけか、この軍拡競争は宿主側の勝利に終わりました。そこで、霊長類は、利己的遺伝子であるレトロトランスポゾンを封じ込める防御態勢を確立して、それ以後は、ゲノムの安定性を維持できるようになったのです。そしてヒトは、この恩恵により、新たなレトロトランスポゾンの脅威を恐れなくてもよくなったのです。このことは、ヒトのゲノム進化という局面で大きな意味を持っていた可能性があります。

多細胞体系への進化

これまで述べたように、真核細胞の出現は細菌同士の融合から始まりました。やがて、単細胞の真核細胞はさらに集合して、多細胞で個体を作るように転換してゆきます。現実に単細胞がどうやって今日の動物のような多細胞生物にまで至ったかは、想像できないような困難な課題を乗り越えた結果だったと思われます。

複雑な多細胞生物の出現には、それまでの単細胞としての自律的システムから、集合体を作ることで新たな調整が必要となります。そして、さらに統合した多細胞生物へと進化するためには、何回かの「大転回」を経験したはずです。

単純なものから複雑なものに進化するためには、ジョン・メイナード・スミス（John Maynard Smith）などが提唱した、パラダイムシフトとなるような大転換が必要だという仮説が一般的なようです。この主要な大転換を起こすためには、２段階の選択が必要です。まず、先祖の単細胞が集合するように進化し、この集合体が次の段階の選択を受けるのです。次に、この集合体が、新しいより高水準の生物の単位として、選択圧に適合することによってはじめて、生物学的複雑さが生み出されます。

実際には、細胞の起源から細菌を経て真核細胞へ、真核生物から多細胞体へ、そして多細胞組織体の階層構造へ、というように、多段階の具体的な選択がどうして起きたかを知ることになります。この高水準の適合性の獲得は、大変厳しい選択にさらされて起きたはずです。

単細胞生物では、細菌であれ、真核細胞であれ、細胞は集団として、増殖の優位性を確保する必要があり、多細胞系に転換しても、この原則は満たされる必要があります。個体を形成する多細胞系の細胞集団は、それぞれが質的に違い、しかも質的に違う細胞を増幅する特性を備えた集団であり、この細胞の多様性が維持されたまま、個体が子孫へと相続できなければなりません。しかも個体は、これらの細胞集団の総合的特徴を大きく変えることなく環境に適応できなくてはなりません。さらに、個体内の細胞間の闘争は極力抑え込む必要があります。とくに、個体が持つ高次的機能は、個体内の分岐した特性を持つ個別の細胞集団の合理性を満たせないと、この体系は崩壊してしまいます。また、子孫形成のために生殖を必要とする場合は、出産など生殖過程でのボトルネックがあるために、多細胞体系がそなえていなくてはならない遺伝的多様性を限定することになります。そこで、子孫へと継承される生殖細胞と多細胞体系とのあいだの対立の、合理的な解決策が必要となります。

いずれにしても、単細胞システムから多細胞システムに移行するという大転換を進める何らかの選択圧があったと思われます。細菌のような単細胞でも、ファージの脅威に対して個が犠牲となるという利他的行動で集団を守る、あるいはクオラムセンシングのように集団を検知して個の犠牲の上に調節を図る、というように、集団や集合体を形成することにより、個は滅びても種の依存を図るためにメリットが生じます。

そこでは、毒素‐抗毒素などの細胞の「自殺装置」が有効にはたらいていますが、細菌などが1個

1個で振る舞うならば、自殺が利他的な意味を持つかどうか疑問が生じます。そこで、単一の細胞と凝集体や多細胞系のどちらが生存戦略として有利かを、ウイルスと宿主のあいだで生じる共進化の数学的モデルを開発して検討した研究があります。それによれば、ウイルスの力が強い場合やそれに対する免疫力が不完全な場合には、細胞が集合体をとり、しかも細胞自殺が起きるという2つの能力が共進化することが最適な進化戦略であるという結論が導かれたということです。

これは、ウイルスなどの利己的遺伝子と宿主細胞間の軍拡競争が選択圧となって進化が進むためには、単細胞が集合体を形成し、さらには多細胞体系へと発展することが有利だった可能性が高いことを示しています。そこで、多細胞生物での細胞の振る舞いについて、特に、細胞寿命と細胞死について考えてみました。

第4章　真核細胞の寿命と死

個体発生における細胞の増殖のしくみ

ここで、多細胞体系としての個体の形成を、細胞を基本単位として簡単に説明しておきましょう。ヒトのからだは、およそ60兆個の細胞で成り立っているので、受精卵から大人の体ができるまでに、膨大な細胞分裂と分化を繰り返し、細胞死も含めた結果として個体が形成されます。成人となった個体のなかでも、細胞の増殖、分化、さらには死も含めて長いあいだにわたって個体の恒常性が維持されます。こうした膨大な細胞の増殖と死の統合的な表現が、人間の個体なのです。

個体の形成のために、細胞という増殖機械は、1個の受精卵という細胞形態から始まって、細胞分裂を繰り返して200種にも及ぶ分化機能を分担した細胞種に分かれ、全体として60兆個で個体を作り上げるのです。分化した細胞はそれぞれ機能的な特性を発揮して個体の活動を支えています。そのため、個々の分化した組織の細胞は、肝臓ではアルブミン、赤血球ではヘモグロビンというように、遺伝子調節プログラムに従って、それぞれを特徴付ける特異的なタンパク質を発現する仕組みを備えています。

では、このような1個体を形成している多様な種類の組織や分化した細胞は、どのようにして生みだされるのでしょうか。このような疑問への回答が一目でわかるのは、線虫の細胞系譜の観察です。線虫は、1個体が約1000個の細胞で作られているので、個体発生の過程を、個々の細胞の動きや形態の変化として顕微鏡で刻々と追跡できます。1個の受精卵が分裂して1個体を形成するまでの細胞分裂の経過を全て観察し、これを記録した結果、1個の受精卵から、細胞分裂、細胞分化、そして細胞死が整然と起きた結果として、神経、表皮、腸管、生殖器などの固有の分化した組織が形成されてゆくことがわかりました。

この個体発生過程は、細胞の系譜と呼ばれていますが、それぞれの細胞は細胞分裂に従って分岐して、何になるかの分化の方向性を決め、何回かの分裂を繰り返したのち、分裂を停止して分化した細胞となります。こうした細胞の中には、細胞分裂した後に、分化するのでなくて、細胞死が起きていることも観察されています。この細胞死の観察から、さらに細胞死を制御している遺伝子の変異も見つかり、細胞死のメカニズムもわかってきました。個体を形成するときに、個々の細胞の運命はそれぞれの細胞の思うままにならず、全体の個体形成のプログラムの上から利己性を抑制され、最終的に細胞死を予定されている細胞すら存在するのです。

幹細胞＝分化した細胞を生み出す源となる細胞

ヒトのからだは60兆個という膨大な細胞の集合体なので、線虫のように簡単ではありません。しかし、基本的には同じようなメカニズムで、形態も機能も異なる200種の分化した細胞を生み出して1個体を作ります。ヒトでも、1個の受精卵は成人になるまで細胞が増殖し続けることになるのですが、この増殖プロセスは、1個の受精卵から全て同じ分裂能力を持つ細胞が、同じ細胞分裂を繰り返して同じ60兆個の細胞ができるのではありません。初期胚の一部の細胞から生殖細胞が生み出されるとともに、残りの細胞は組織を形成する体細胞となります。

この細胞分化と増殖のプロセスでは、継続的な増殖能力を持ちつつも、この分化能力や系列の異なる特性を持つ幹細胞が生み出されます。この幹細胞は分裂して2つの細胞になるとき、1つは自己再生して幹細胞となり、もう1つの細胞は、さらに分化した組織機能を持つ細胞になります。幹細胞はその後の増殖や分化などの潜在的な能力の上から違いがあり、その能力に従って2つに分類されます。

全能性幹細胞は、受精卵や初期胚の細胞のように、成体の全ての細胞種を生みだし、個体のすべての細胞を作る能力を持っている幹細胞です。後で述べるES細胞やiPS細胞も、この幹細胞のカテゴリーに入ります。もう1つは組織幹細胞と呼ばれるものです。組織幹細胞は特定の分化した細胞のみを生み出す能力を備えていて、全能性幹細胞の中から、最終的に組織を作る細胞になるまでのあいだに、多種類の細胞に分化して組織を形成できる幹細胞で、多能性幹細胞とも呼ばれます。

たとえば、血流中にある赤血球、好中球、好酸球、好塩基球、単球、および血小板を作る巨核球、さらに組織中にあるマクロファージ、骨形成に関与する破骨細胞、また、肥満細胞、免疫担当細胞であるBリンパ球、Tリンパ球は、その形態や機能も違いますが、いずれも同じ幹細胞から生み出されたもので、その幹細胞は血液幹細胞と呼びます。血液幹細胞は、直接赤血球やB細胞に分化するのではなく、まず、リンパ球（T細胞、B細胞）に共通の前駆細胞と、マクロファージ、血小板、赤血球など（ミエロイド系）を生み出す共通の前駆細胞となり、それぞれの前駆細胞はさらに分岐したのち、一過性に増殖して細胞数を増やしつつ、成熟分化した血液細胞となります。

このように、組織の幹細胞は、個体全体の状況を反映してその増殖と分化が調節されていて、成人後も細胞の交代が激しく起こり、組織幹細胞から頻繁に分化した細胞が生み出されています。たとえば、赤血球は、正常人では、1日に2・5×10^9個の赤血球が産生され、末梢血管中の赤血球数は体重1kg当たり3×10^{11}個であり、約120日の寿命を経て脾臓内でその生命を終えます。では、血液幹細胞は激しく分裂増殖しているかといえば、基本的にはほとんど分裂を停止していて、誘導シグナルを受けた時だけ分裂して、1つは自己再生して幹細胞自身になる細胞と、もう1つは赤血球になるべく運命付けられた細胞を生み出し、この細胞（前駆細胞）が急激な分裂を繰り返し、たくさんの赤血球を作り出します。幹細胞の分裂は、血液幹細胞を取り囲む骨や血管の組織の細胞から必要な状況に応じたシグナルを出すことで誘導されます。それゆえ、組織幹細胞も利己的ではあるものの、周辺の組織細胞により抑制を受けています。

多細胞生物の細胞の利己性

細胞の利己性の上からは、その潜在的な複製能力という意味で、全能性幹細胞がより利己的といってよいでしょう。そして、組織幹細胞が次に利己的であり、分化して増殖を止めた組織の細胞は利己性を失っているといえます。

我々のからだがこうした階層的な幹細胞システムを持っているのは、次のような理由があると考えられます。我々の身体ができてくるまでには、1個の細胞としての受精卵から始まり、卵割、胚の発生、形態形成、組織形成など、見かけ上のステップの違いはあれ、細胞に焦点を当ててみれば、たゆまない分裂の繰り返しを軸として、それぞれのステップでの細胞の質的転換あるいは機能分化が起き、質の異なる多量の細胞集団が生み出される過程と考えられます。そして、質的に異なる細胞が生み出されると、これらの細胞間での情報交換が生じ、時間的空間的に制御しあいながら、個体を形成します。最も利己的である全能性幹細胞も、初期胚の細胞分裂により多細胞社会の中で他の細胞からの束縛を受けて、その利己性は抑制されています。

成人後は、多くの組織の細胞のほとんどは、特有の分化した機能を持つ分裂しない細胞となりますが、皮膚や小腸上皮、造血細胞などのほんの少数の幹細胞では恒常的な交代が起きており、たゆまない細胞の分化・増殖と細胞死が起きています。

生命体の基本単位としての細胞という立場からこの細胞社会を眺めてみると、単細胞生物は細胞増殖が究極の目的であり、細胞増殖の制御が主として増殖の促進という正の制御を受けているのに対し、多細胞生物では、細胞分裂の促進のみでなく、多様な機能を持つ細胞に分化し、増殖を停止して個体の機能維持を図るため、増殖の抑制の制御（負の制御）が、より重要となっていると思われます。そこで、このシステムのどこかに破たんが生じて細胞の増殖の頻度が高くなり過ぎる、つまり細胞が利己性を発揮するようになると、過剰の細胞の生産が起きるばかりでなく、異常な増殖をする細胞であるがん細胞を生ずる危険性を高めることになります。がん細胞の利己性については後述します。

「細胞の競争」という細胞間の利己的争い

個体発生は線虫の細胞系譜が示すように、遺伝的プログラムに基づいて、時間経過とともに整然と細胞分裂と分化が進行すると考えられています。また、幹細胞の増殖能力の差別化なども、組織形成など個体の発生を間違いなく進行させるのに役立っています。

しかし、個体発生を単純な細胞の増殖過程だと考えると、試験管内の細菌の増殖で認められるように、個体という限られた栄養環境の中で増殖し続ける細胞が充満してゆき、お互いの利己性がぶつかり合うことも想定できます。最近になって、組織形成において、実際にこうした細胞間の争いがあることがわかり、「細胞の競争（cell competition）」と呼ばれています。

組織の形成と維持において「細胞の競争」が認められるは、細胞集団の中で、限られた空間と栄養条件に適合できる「最も調子のよいものが生き残り、たくさんの子孫を残す」という、ダーウィンの自然選択説に従っているように見えます。この細胞間の競争は、個々の細胞レベルで起こり、結果として、組織の恒常性や適正な大きさの管理、幹細胞の維持で重要な役割を演じることになります。

この細胞競争には2つのタイプがあり、その典型例は、組織形成期の上皮組織内の体細胞のあいだで起こる細胞競争と、生殖細胞系と組織の幹細胞のあいだのニッチ（組織環境）の奪い合いの競争です。どちらの競争も、競争の「勝者」と「敗者」という形で、細胞の最終的な運命が決定され、その競争のプロセスは組織の限定された場所で起きて、結果として、正常な形態形成へと導きますが、ここでは、上皮組織内の体細胞のあいだで起こる細胞競争について説明します。

細胞競争現象は、１９７０年代初期にすでにショウジョウバエの翅の形成で観察されていて、成長のゆっくりした細胞はリボソーム・タンパク質が少なく、結果としてタンパク質の合成が遅いために成長が遅れることがわかっていました。その後の研究で、遺伝子欠損により成長の早い細胞と遅い細胞をマーキングして混ぜ合わせて観察すると、成長の早い細胞だけで翅を形成することがわかり、勝者の細胞と敗者の細胞のあいだの力関係がはっきりしたのです。このような上皮組織内の体細胞のあいだで起こる細胞競争はショウジョウバエだけでなく、哺乳動物の細胞では起きていることがわかりました。

細胞競争では、細胞の増殖過程で個々の細胞間で異なる代謝特性が生じ、成長のスピードに差が出てきて、成長の早い細胞と遅い細胞という2つの細胞集団が生じます。そして、この競争は、単に成長速度が早い細胞が成長速度の差だけで「勝者」になったのではなく、成長の早い細胞と遅い細胞とが隣り合う時は、お互いの細胞の接触によるシグナルを介して「勝者」の細胞と「敗者」の細胞が決定され、「勝者」の細胞が「敗者」の細胞を餌食として飲み込んで、より強い細胞として成長する細胞集団になります。

この競争では、隣接する上皮細胞のあいだでは、ある種の検知メカニズムによってリボソームのタンパク質合成の機能の相対的な違いを認識します。そして、一旦違いが検知されたら、その差によって「勝者」か「敗者」の地位が決まります。すると、敗者の細胞はストレスを感じて、アポトーシスという自殺のプログラム（後で詳しく説明）を起動して死にます。そして、勝者の細胞は最適なリボソームの機能を高めて、より速く増殖するようになり、敗者として死んだ細胞をのみ込んで、栄養とするのです。このような細胞競争のメカニズムは、ここではたらく役者が違っても、先に述べた枯草菌の胞子形成での兄弟殺しと全く同じ現象であるように見えます。

体細胞には細胞寿命がある

ヒトをはじめとして生き物の個体は、必ず死を迎えます。多細胞生物では、生殖細胞には永遠の増殖能を付与されていますが、体細胞には寿命があるのです。個体の死は、体を構成する体細胞の死を意味していて、個体の死の原因は体細胞の死によると考えることもできます。では、体細胞はなぜ永遠に増え続けることはできなくて、寿命を持っているのでしょうか。

このような疑問を解決したのは、ヘイフリック（Leonard Hayflick）のヒトの胎児の線維芽細胞の培養研究です。彼は、最初に組織から取り出した体細胞を植えて培養を開始した時点を「初代培養」として、さらに、この細胞を植え継いでゆくと、10か月ほどは非常に活発に増殖を繰り返します。しかし、やがて増殖速度が急激に低下し、増殖を停止し、それ以降増殖を再開することができなくなることを発見しました。

この間、細胞の染色体は正常な2倍体の状態を保ち、安定に維持されていました。増殖を停止するのは、細胞集団の倍加数が40〜60回のところであり、体細胞はこの時点で死ぬべく運命づけられていて、正常な体細胞は永遠に増殖できないことを示しています。彼は、細胞にも「寿命」があり、細胞の分裂回数が限界を持っていることを提唱し、「ヘイフリックの限界」と呼ばれています。

しかし、この培養実験では、細胞が増殖を停止したのは、培養条件が適切ではなかったからだという可能性があります。そこで彼は、性染色体の分析で区別できる40細胞集団倍加数（分裂回数が40回）の「高齢の」男性由来の細胞と、20細胞集団倍加数の「若い」女性由来の細胞を同数混ぜて培養しました。すると、男性由来の細胞は女性由来の細胞より早く増殖を停止したのです。そこで、増殖の停止は、それまでの分裂回数の違いを反映したものであり、培養条件の悪化によるものではないと結論しました。また、若い人の細胞と高齢者の細胞を培養すると、高齢者の細胞は早く増殖を停止してしまうことがわかり、年齢と細胞の残存増殖能は逆の相関関係があることもわかりました。

では、いったい何が細胞の寿命を決めているのでしょうか。ヘイフリックは、細胞の核の中に分裂回数を計測するような「時計」装置があると想定しましたが、その具体的なメカニズムは長いことわかりませんでした。

テロメアが細胞の寿命を決めている

この体細胞の分裂回数の計測装置は、染色体の末端の構造にあったのです。テロメアとテロメラーゼの研究をおこなったグライダーと共同研究者は、ヒト細胞のテロメアの長さを調べました。ヘイフリックの方法でヒトの正常2倍体線維芽細胞を培養していると、細胞分裂を繰り返す度にテロメア長が短くなることを発見しました。生まれたときのヒトのテロメアの長さは1万〜1万5000塩基対です。だから、体の中でも、細胞が分裂するたびに短くなり、その長さが5000塩基対近くなると、細胞は分裂を停止してしまいます。つまり、寿命が尽きるまでに、5000〜1万塩基対ほど短縮したことになります。

テロメアは、1回の細胞分裂で平均100〜150塩基対ほど短くなります。そこで、ヒト線維芽細胞が40〜60回分裂すると、ヘイフリックの限界に達して、分裂寿命が尽きることになるはずです。これは、計算値とよく合致しています。ここではじめて、体細胞の細胞寿命はテロメアの長さで規定されており、テロメアは細胞の中で時をきざむ時計のような役割をしていたことがはっきりしたのです。

その後、様々なヒト細胞でのテロメラーゼの活性が詳しく調べられました。そして、生殖細胞と幹細胞では、高いテロメラーゼ活性が検出されるのに、体細胞ではほとんどその活性が認められないことがわかりました。つまり、次世代に伝えられる生殖細胞では、テロメラーゼ活性によって長いテロメアが維持されているのに対して、体細胞では誕生前からテロメラーゼ活性が抑制されてしまい、テロメアは徐々に短くなるとともに、その長さが細胞の残りの分裂可能回を規定しているということが明らかになったのです。

さて、先のヘイフリックの実験で、長期の継代培養を経て増殖を停止した細胞は、増殖中の細長い細胞から丸みを帯びた細胞へと形状が劇的に変化します。このような変化は、「試験管の中での」細胞の「老化」と考えられ、「細胞老化」という新たな学問分野が生まれるきっかけとなりました。

老化した細胞では、テロメアが短縮したために、染色体内の重要な遺伝子が欠失する頻度が高くなります。また、マラーとマクリントックが提唱したように、染色体同士が末端を介してくっつき合い、染色体どうしの組み換えや再編成が起きやすくなります。その結果、遺伝子発現の異常が起きて細胞は機能を失い、老化の原因となると想定されています。

また、テロメアの短縮は、染色体異常を起こして、がん細胞の発生の大きな要因になることもわかっています。多くのがん細胞が短いテロメアを持ち、高いテロメラーゼ活性を示します。正常な体細胞ががん細胞へと変身するためには、染色体の異常に加えて、テロメラーゼを再活性化してテロメアを保護し、がん細胞の永続的な増殖能を維持することが重要なステップなのです。

テロメアとテロメラーゼによる染色体の末端構造の維持は、染色体の安定性を保持して細胞機能を維持するのに貢献しています。しかし、細胞を増殖機械という視点から見れば、完全なメカニズムではないように見えます。結果として、細胞は寿命を持たされることになり、個体は死ぬべき運命を背負わされているのです。

しかし、視点を変えると、多細胞生物では、生殖細胞が次世代に継承されることを前提として、膨大な細胞数を持つ個体の死が多量の栄養源の放出を伴うことになります。そこで、体細胞の限定的な増殖能の付与は、全体として「増殖機械」の目的にかなうしくみとして整合性があります。

アポトーシスは、動物細胞の「自殺」

では、細胞はどうやって死を迎えるのでしょうか。19世紀後半の生物学者たちは、動物の発生過程に生理学的に意味がある「予定された細胞死、あるいはプログラムされた細胞死」があるのではないかという考え方を持っていたようです。それは、いいかえると、細胞自身が自殺を図るという考え方です。しかし、細胞の自殺のプログラムの具体的なメカニズムが明確になってきたのは、つい最近のことです。

この自殺のプログラムは「アポトーシス」としてクローズアップされるようになり、その遺伝的調節のメカニズムは発生過程だけでなく、成熟した個体でも、その組織の恒常性を保つために重要であることがわかってきました。

細胞死は、現在、その形態学的、生化学、あるいはかかわる分子の属性などによって区別されていて、アポトーシスとネクローシスの2つの細胞死が主要なものと考えられています。アポトーシス

(apotosis) は「木から落ちる葉」を示す古代ギリシア語の単語から、一方、ネクローシス (necrosis) は、「死体」という意味のギリシア語から命名されました。アポトーシスが起きるとそのあとに続いてマクロファージなどが跡形もなく始末してしまうので、「死体」は残りませんが、ネクローシスは死細胞の痕跡が残っているのです。

アポトーシスは、合目的性を持った細胞死として「プログラム細胞死」とも呼ばれます。「プログラムされた」細胞死という表現は概念的ですが、細胞死が厳密な遺伝的制御のもとに起きることと同義だと考えてもよいでしょう。

細胞死がなければ人は恐竜のようになっていた

個体が生命を維持するあいだに、細胞は分化、増殖と細胞の死も含めた運命転換をしつつ、細胞の交代を起こしながら個体の維持に努めています。ある研究者の試算によれば、もし細胞死が起きなければ、人は80歳までに、2トンの骨髄とリンパ節、16キロメートルの長さに及ぶ腸を持つことになるといいます。

つまり、多細胞生物では、細胞の死は単に個体の死のために必要というだけでなく、個体の恒常性の維持の上からも必要になるのです。そこで、細胞の死に方は、行きあたりばったりではなく、生物に合目的な死に方のように見えます。動物では、個体として栄養を確保して体全体の細胞の活動を保障していますが、個体が外界から取る食物は一定の範囲内であり、組織の違いや細胞種の違いがあるとしても、個体が体全体の細胞数を支えられる限度内で細胞数が維持されているとすれば、細菌のクオラムセンシングのような感知機構のもとに、細胞の増殖と細胞死が制御を受けていると見ることができます。

だから、個体内での細胞の死は、個々の細胞にとって見れば、合目的性に従ったわけではなくて、生体内環境に適応できるかどうという「自然選択」を受けて、確率的に決まることになります。多細胞社会では、栄養の奪い合いだけでなく、お互いの細胞間の相互作用との関係でも細胞死が誘導されています。具体的な例をあげてみるとよくわかります。

たとえば、発生過程では、分化した神経細胞が移動して、標的細胞とシナプスを形成しますが、このシナプス形成時には、いったん神経細胞が過剰に生産され、標的細胞とシナプスの形成ができなかった20％から70％の細胞は脱落し、神経細胞死が起きます。

シナプス形成時には、標的細胞は神経栄養因子を放出し、神経細胞はその受容体を発現しているので、神経細胞が標的細胞に到達してシナプスを形成できれば生存し、できない細胞は死滅するのです。この栄養因子反応性を獲得できるかどうかは確率的に決まり、自然選択によって神経細胞の生死が決まることになっています。

血液細胞でも、前駆細胞に必須の増殖因子が欠乏すると、細胞死が誘導されます。このような細胞死では、生体内の緊急応答により増殖因子が一過的に上昇し、必要量の前駆細胞の増殖と分化を効果的におこないます。そして、血液細胞が十分に供給されると増殖因子は消失し、余分となった前駆細胞は速やかに細胞死によって除去されます。

このような細胞の増殖と死のしくみは、栄養環境が悪くなったときに起きる細菌の死の誘導や、胞子形成のメカニズムとよく似ています。

細胞死の誘導のしくみ

アポトーシスによる細胞死は、死の受容体経路とミトコンドリア経路という2つの経路によって誘導されます。死の受容体経路は主として細胞外の環境からのストレスに応じて細胞死が誘導される場合の制御経路であり、ミトコンドリア経路は、細胞内部のストレスに対応した制御経路ということができます。

どちらの経路も、カスパーゼと呼ばれるタンパク分解酵素が細胞死の執行役を務め、最終的にタンパク質もDNAも分解されます。死の執行役であるカスパーゼは、通常は不活性な状態にマスクされていて、細胞死の誘導シグナルがあるとはじめて活性化されて、細胞破壊を実行します。

この2つの細胞死の経路のどちらが誘導されるかは、アポトーシス刺激の大きさの違いや、刺激を受け取る細胞の状態、細胞周期の段階の違い、組織の特異性など、分化形質の違いを反映して決まります。また、2つの経路は、共同してはたらいている場合もあります。

死の受容体経路では、Ｆａｓ受容体やＴＮＦ受容体のような「死の受容体」と呼ばれる複数のファミリーを構成している細胞膜受容体があります。この受容体に外部からの因子（リガンド）が結合すると、死の受容体が立体構造を変化させて活性化し、死を誘発する多種類のタンパク質が情報伝達複合体を形成します。そして、このシグナルが契機となってカスパーゼを活性化し、細胞死が執行されますが、ここでは詳細は省きます。

ミトコンドリアを介する細胞死の経路は、細胞内に活性酸素が貯まったときやDNAに損傷が起きたとき、タンパク質の変性が起きたとき、増殖因子が欠乏したときなど、細胞内の危機的状況が起きたときに始動します。まず、ミトコンドリアの膜透過性が増大するという変化が起きます。そして、ミトコンドリア二重膜の空間に局在していた細胞死を調節する因子が、ミトコンドリアから漏れだし、カスパーゼ等を活性化して細胞死を起こします。

Bcl－2ファミリーは、細胞の自殺装置の主役

とくに、細胞死におけるミトコンドリア経路の役割は、これまで述べてきた真核細胞の成り立ちと関係して重要で、その主役となるのは、Bcl－2ファミリー遺伝子です。Bcl－2は細胞死を抑える遺伝子として発見されましたが、その後の遺伝学的な解析から、この遺伝子にはいくつかのファミリー遺伝子があることがわかりました。驚いたことに、このファミリー遺伝子の中には、Bcl－2とは全く逆の、細胞死を誘導する性質を持つものもあったのです。

このファミリーは、それぞれ数個の死の誘導（アポトーシス誘導因子）と、死の防御（アポトーシス抑制因子）という、基本的に相対する2つの機能を持つタンパク質に大別される「自殺装置」です。

これは、細菌やファージの毒素–抗毒素システムと類似したシステムといえます。抑制ファミリーの代表がＢｃｌ–２で、誘導ファミリーの代表はＢａｘです。Ｂｃｌ–２ファミリーのタンパク質は、いずれもＢＨドメインと呼ぶ進化的に保存された領域を持っていることが重要な特徴で、お互いにこのＢＨ領域同士で結合して、その作用を発揮します。

Ｂｃｌ–２ファミリーは、ミトコンドリア膜を制御する

Ｂｃｌ–２ファミリータンパク質のもう１つの大事な特徴は、いずれも、ミトコンドリア膜に結合してはたらいていることです。ミトコンドリアの膜に穴をあけるか、閉じるかを決めて、アポトーシスを誘導するか防御するかの調節を、ＢＨ領域によるタンパク質同士の会合によっておこなっていることがわかりました。

このとき、ミトコンドリアの膜で対応するタンパク質は、ミトコンドリアポリンです。ミトコンドリアポリンとは、どんな性質を持つタンパク質でしょうか。真核細胞が成立したあとも、ミトコンドリアの膜は、その起源である細菌の膜と同じ性質を残しています。ミトコンドリアの外膜はグラム陰性細菌と同じように、狭いポア（孔）によって栄養物の交換が調整されていて、細菌外膜のポリンと同じタンパク質があり、ミトコンドリアポリンと呼ばれています。

先に述べたように、細菌のポリンは進化的に最も強い正の選択を受けた最重要の遺伝子で、細菌でのファージの侵入やコリシンの流入を助けます。ミトコンドリアにとっても、ポリンは重要な膜タン

パク質で、他のタンパク質と複合体を作ってポア（孔）構造を作ります。ポアは、外膜から分子量5000までの物質を膜間腔まで透過させることができ、イオンや核酸、糖類、アミノ酸などの低分子代謝物質の取り込みができるように設計されています。

誘導ファミリーのＢａｘは、ミトコンドリアポリンと結合して、ミトコンドリア膜の透過率を増加させ、ミトコンドリアからシトクロムｃを放出させます。一方、抑制ファミリーのＢｃｌ－２はＢａｘと結合して、膜からＢａｘを放出させ、ミトコンドリア膜の透過性を抑えて、シトクロムｃの放出を防ぎます。

シトクロムｃがミトコンドリアから放出されたということは、細胞質内に拡散したことを意味します。シトクロムｃは、ミトコンドリア内でのエネルギー産生（酸化的リン酸化反応）で重要なはたらきをしていますが、細胞質内に拡散すると、不活性型のカスパーゼと結合して活性化させてしまいます。そこで、活性化したカスパーゼは、細胞死の執行役として、細胞を死へと導きます。つまり、シトクロムｃはミトコンドリア内にあるときはエネルギー産生の重要な因子としてはたらき、ミトコンドリアから放出されて細胞質内に拡散すると、細胞の自殺の引き金を引く「毒素」の役割を持つことになります。

ミトコンドリアから放出されて毒素としてはたらくありさまは、枯草菌で、前胞子細胞が毒素（ＳｋｆＡ）を細胞外（隣り合う母細胞内）に放出し、母細胞が毒素によって溶菌するのとよく似たメカニズムといえます。

Ｂｃｌ－２ファミリーとコリシンは似ている

さて、細菌とミトコンドリアの膜にポリンがあり、ともに遺伝子の起源は同じであり、どちらのタンパク質でも孔を開けるという機能のドメイン構造が同じです。そして、細菌のポリンは、ファージやコリシンの標的となって細胞の自殺プログラムの引き金の役目を背負わされています。だとすれば、動物細胞のミトコンドリアの外膜の透過性を制御してアポトーシスの引き金となるＢｃｌ－２ファミリーも、ファージやコリシンと何か類似の構造や機能があってもいいはずだと考えられます。それがあるのです。Ｂｃｌ－２ファミリータンパク質の立体構造はコリシンとよく似ていることが確認されています。とくに、アポトーシスを抑制するＢｃｌ－ｘＬとアポトーシスを誘導するＢａｘはともに、コリシンAなどの孔を形成する細菌毒素と立体構造の類似性が顕著です。そして、Ｂｃｌ－２ファミリーは、人工的なモデル脂質膜に孔を開ける能力があることもわかりました。さらに、Ｂｃｌ－２の膜の挿入とチャンネル形成に必要な2つのコア領域を欠いたタンパク質は、この機能が失われることもわかりました。こうした事実は、ミトコンドリアポリンとＢｃｌ－２ファミリーの関係が、コリシンが細菌のポリンと作用して膜に孔を開けて通り抜けるときのはたらき方と、そっくりであることを示しています。

動物ウイルスも宿主細胞の自殺装置を利用する

利己的遺伝子としてのファージと細菌のあいだの軍拡闘争では、自殺装置が重要であることを示しました。同じように、動物ウイルスと宿主の真核細胞とのあいだでも、自殺装置を介した軍拡闘争が繰り広げられてきました。動物ウイルスも、宿主の自殺装置を誘導したり、抑制したりして、感染後に十分子孫を増やそうとします。動物を宿主とするウイルスは、病原体と宿主の共進化を経て、宿主の防御システムを潜り抜ける戦略を進化させ、膨大な種類のウイルスと、それに伴う多様な感染メカニズムを持つようになっています。動物は免疫的な防御機構も使ってウイルスと闘いますが、ここでは、とくに、ミトコンドリアを介するアポトーシスの制御でのせめぎあいについて、いくつかの例を示します。

エイズウイルスは複数のアポトーシス誘導因子を持っていて、感染した白血球を殺傷して免疫細胞を排除します。この場合は、速い殺傷を目指し、Ｖｐｒというタンパク質がミトコンドリア膜の標的タンパク質と直接結合し、ミトコンドリア膜電位を消失させ、放出したシトクロムｃが、カスパーゼを活性化してアポトーシスを誘導します。

Ｂ型肝炎ウイルスは、慢性的な肝炎を起こし、肝がんの誘発もします。このウイルスのＨＢｘタンパク質は肝がん誘発の原因遺伝子ですが、ミトコンドリアに蓄積して標的タンパク質と結合し、膜電位を消失させてアポトーシスを誘導します。ポリオウイルスやインフルエンザウイルスなど多数のウイルスも、ミトコンドリア膜電位の消失にはたらくタンパク質を持っていて、宿主細胞の殺傷のタイミングのカギを握っています。

一方、ウイルスは、感染細胞の細胞をできるだけ長く生きた状態にして、たくさんの子孫を増幅した後に細胞破壊が起きるように、抗アポトーシスタンパク質を利用します。たとえば、アデノウイルスのＥ１Ｂは、Ｂｃｌ－２と機能が類似したタンパク質であり、Ｂａｘを抑制するはたらきを持っています。天然痘ウイルス、ＥＢウイルスなどいくつかのウイルスが、同様のアポトーシス抑制タンパク質を持っています。

このように、ほとんどのウイルスは、ミトコンドリア膜電位の消失を誘導するタンパク質や、Ｂｃｌ－２と同等の抗アポトーシスタンパク質、カスパーゼの阻害タンパク質など、アポトーシス制御経路のどこかを制御して、望みの子孫の拡大を図っているのです。

なお、細菌感染においても、宿主動物細胞のアポトーシスの制御は重要です。たとえば、Ｋ１大腸菌、サルモネラ菌、および赤痢菌などの腸内病原菌は、ＦｉｍＡという可溶性の繊毛タンパク質によって、宿主真核細胞のアポトーシスを遅らせ、細菌の増殖の増大を図るという生存戦略を用います。ＦｉｍＡは、ミトコンドリアポリンとヘキソキナーゼの結合を強めるようにはたらきかけ、Ｂａｘで制御されるミトコンドリアからのシトクロムｃの放出を強力に抑えているのです。このように、細菌やウイルスも、子孫の拡大のために、宿主細胞の自殺装置をうまく利用する戦略を進化させています。

なぜ、ミトコンドリアはアポトーシスとかかわりがあるのか

なぜ、ミトコンドリアはアポトーシスとかかわりがあるのか、進化論的な意味を考えてみましょう。真核細胞の成立には、共存した2つの細菌の異種ゲノムのあいだの闘争を解決して協力関係を築くことができて、真核細胞が誕生したと考えられています。では、このシナリオのもとで、プログラム細胞死はどのように出現し、それが真核生物としての進化的安定化の道筋にどんな貢献をしたのでしょうか。ここで最も大きな役割を演じたのは、ミトコンドリアだったのです。

ミトコンドリアの先祖となる真正細菌と、それを抱え込んだ古細菌の融合のあいだでは、2つのゲノム間の闘争の結果、誕生した真核細胞内で、プログラム細胞死の調節が必要不可欠となったのです。その原因は、ミトコンドリアの特性にあります。

ミトコンドリアは真核細胞内のエネルギー産生工場となり、真核細胞の遺伝子量を大幅に増やし、細胞活動を活発にさせました。しかし、飛躍的なエネルギー生産の向上は、細胞内に「公害」をもたらすことにもなったのです。ミトコンドリアの膜の電子伝達系では、エネルギー生産のために酸素を消費します。この代謝過程で、酸素の一部は、反応性が高い活性酸素に変換されることがあります。この活性酸素は、遺伝子DNAの損傷を起こし、遺伝子の突然変異を誘起します。また、タンパク質や脂質の変性も起こし、細胞を危険にさらします。

そこで細胞は、活性酸素を消去するために、たくさんの酵素を備えるようになりました。しかし、それでも活性酸素は漏れ出すことがあります。そこで真核細胞は、ミトコンドリアが発生する危険性をいち早く感知し、危険性が排除できない場合は、細胞死を誘導するようにして自身を早めに始末し、他の細胞に被害が拡大しないようにする制御のしくみが進化したと推論されます。

真核細胞と細菌の自殺装置はよく似ている

読者は、このＢｃｌ－２ファミリーやミトコンドリアポリンによる膜透過性の制御は、先に述べたファージのホリン－抗ホリンシステムと顕著な機能的類似性があることに気づくでしょう。

ミトコンドリアポリンやシトクロムｃの遺伝子は核がコードする遺伝子であるものの、細菌にもホモロジー（相同性）を持つ遺伝子であり、共生した細菌のゲノムに起源があったと考えられています。ミトコンドリアが細菌を起源としていることを考えると、Ｂｃｌ－２ファミリーは細菌のゲノムに起源があると予想されます。

ところが、予想に反して、Ｂｃｌ－２ファミリーは、遺伝子ホモロジー分析などからは、細菌ゲノムに起源がある証拠はみいだせていません。つまり、細胞死の執行へと導く「毒素」の遺伝子は、細菌由来のミトコンドリアゲノムが起源であり、それを抑えるようにはたらく「抗毒素」としてのＢｃｌ－２ファミリー遺伝子は、真核生物ゲノムに起源があるということになります。

一般に、重要な遺伝子は重複化によってコピー数が増えて、お互いに少しずつ機能的な違いが生じてきます。結果として、同一種内でも機能的違いを持つファミリー遺伝子が増え、系統樹の分類群のあいだでは、さらに違いが広がるというような形で、同類でありながら、少しずつ違う遺伝子ファミリーが増えてゆきます。

実際、Ｂｃｌ－２遺伝子ファミリーは、動物進化の系統樹と対応して重複化を起こし、よりシンプルな遺伝子構成からより複雑な構成へと進化した形跡がみられます。たとえば、無脊椎動物の線虫では、アポトーシス誘導とアポトーシス抑制の遺伝子は、共に1つだけしかありませんが、脊椎動物では、それぞれの数が増えていて、動物種ごとに違いのある新しいメンバーが追加されてきていることがわかりました。ヒトなどでは30個もある大きなファミリー遺伝子で、すべてがＢＨドメインと呼ばれる相同の領域を持っているのが特徴です。ＢＨドメインは、お互いに少しずつ違いがある4つの異なったドメイン（ＢＨ1からＢＨ4）があり、遺伝子ごとに、このＢＨドメインの数に違いがあり、しかも、基本的な構造は似ているのに、機能的には相反する誘導機能と抑制機能を持つものに大別されていて、お互いに結合してはたらき、細胞を死から守るか、速やかな死へと導くか、非常に精妙な制御ができるように進化してきたのです。

さて、このファミリー遺伝子がこんなに精妙な制御システムにまで進化したのは、ミトコンドリアが持つ「毒素」を抑え込んでおくための「抗毒素」としてのＢｃｌ－２を準備する必要性があったからだと思われます。自殺装置は、進化的な利点があったことを意味していて、このステップの連続的なシナリオが、原始核細胞から単細胞真核生物、単細胞真核生物から多細胞動物にまで広がるプロググラム細胞死の進化の、一般的な枠組みの前提となったと考えることができるのです。

自殺装置の進化は「葉隠」の精神に通じる

とはいっても、そもそも増殖を目的とする生き物が、なぜこんな逆説的な自殺装置を生み出したのかは不思議です。そこで、自殺装置の起源を考えてみましょう。それは、細胞の起源や進化と対応しているはずです。細胞の構築のために資材が整い、始原的な細胞が誕生した後も、さらに改善が進んでゆきます。細胞の進化は、より効率のよい制御的な自己組織の確立に向かってゆきますが、この自己組織化の避けられない結果として、自己破壊があるはずです。

それは、細胞の組織化と崩壊のリサイクルがなければ、特に始原的な地球の環境の中という、限定された資材の範囲内では、細胞の大規模な増殖は期待できないからです。ということは、自己崩壊する能力は、まさしくその最初の細胞のはじまりと同じくらい古い起源を持っていたはずです。このように仮説は、細胞自身が生への欲求を持ちながら、根源的に自己破壊機構を備えざるをえないという意味で、「原罪」仮説ということができます。

この仮説では、細胞としての微細構造や高次の制御機能を持たせるための道具を整備するためには、生存機械としての細胞が、同時に自己破壊を引き起こす能力を本質的に備えなくては、より高次の微細構造を作れなかったということになります。つまり、細胞の生存装置は、同時に自己破壊装置でもあるということです。

また、こうした細胞の制御装置は、機械として一定の誤りを生じざるをえず、この誤りが自己の修復能力を越えると、細胞は生存を維持できなくなるので、何らかの自己破壊をしなくてはなりません。とくに最初に出来上がった始原細胞では、その装置はプリミテイブであり、たくさんの誤りが生じたことは想像に難くありません。そこで、誤りを克服するために、自己破壊的な酵素の出現が必要ではなかったかと想定されます。

しかし自己破壊は、抑制的な制御をできなければ、どんどん自己崩壊が進行してしまいます。そこで、自己破壊を制限できる抑制因子が存在する場合にだけ、細胞の代謝、分化、分裂、修復などが可能になり、破壊を防ぐ機能を持つ遺伝子も、同時に進化的な選択を受けるようになったと推定されます。

始原的細胞の時代にあっても、強力な破壊酵素という毒素が用意されるときには、必ずその抑制剤も用意され、破壊酵素の抑制の微調整によって細胞の生存と死の監視的役割を果たすために、初めから作動していなければならなかったはずです。そして、このセット遺伝子はプラスミドやファージに取り込まれ、さらに細菌に持ち込まれ、毒素‐抗毒素システムの潜在的な原型へと進化してゆきました。真核細胞成立時に導入された細菌の自殺装置は、形を変えながらプログラムされた細胞死（アポトーシス）という形で細胞の自己破壊の微調整機構としてはたらくようになり、多細胞社会の中で個々の細胞が「利他的」に振る舞う方式として有効となりました。

細胞の原罪仮説に立てば、自己破壊する能力は、生命体の本質である自己組織化の能力の避けられない本質的なものですが、生物進化の過程では、自己破壊装置そのものの改善よりも、自己破壊の継続的な微調整、すなわち、防御系の進化にその努力が向けられました。自己破壊をいかに抑えるかという抑制装置の改善が、進化の本質だったと考えることもできるのです。それは、「葉隠」の、「武士道とは死ぬことと見つけたり」という精神と共鳴するものであり、「死を賭して生きる」ことが、生き物の真の姿だともいえます。

第5章　動物細胞の利己性

ここで話を大きく転換して、ヒトをはじめとする動物の多細胞体系に移りましょう。ドーキンスは行動生物学者として、「利己的と私が呼んでいる遺伝子の基本法則によって、個体の利己主義と個体の利他主義がいかに説明されるかを示そうと思う」と述べています。彼の主張は、「生き物は、〝種の利益のため〟、あるいは〝集団の利益のため〟に、ものごとをするように進化するのだ」という誤解を解くことが、1つの大きな主題だとしています。

そして、「ダーウィニズム的な言葉で、進化は、自然淘汰によって進み、自然淘汰は最適者の生存に加担すると表現するが、ここでいう最適者とは、最適個体のことだろうか、それとも、最高品種あるいは最適種だろうか」として、個体選択論者の立場をとり、「集団が滅びるか否かは、その集団の個体の行動いかんにかかっている」と主張します。また、「集団の中の個体に先見の明がありさえすれば、彼らはいずれ利己的な欲望を抑制して、集団全体の崩壊を防ぐことが自分たちの最大の利益に繋がることに気づくはずだと認めさえするであろう」ともいっています。

そこで、このドーキンスの「個体選択論者の立場」を、個体を構成する細胞集団の中での「個々の細胞の選択論」という立場で考えてみると、「個体が滅びるか否かは、個体を構成する細胞集団の個々の細胞の行動いかんにかかっている」という観点が出てきます。

実際、個体を形成する細胞たちは、「個体を構成する集団の中の細胞に先見の明がありさえすれば、彼らはいずれ利己的な欲望を抑制して、集団全体の崩壊を防ぐことが自分たちの最大の利益に繋がることに気づくはずだと認めさえするであろう」ことを良く理解しているように見えます。つまり、「利己的遺伝子」の考え方は、そのまま「利己的細胞」という考え方としても成り立つか、という疑問が生じることになります。

永遠に生きる生殖細胞は利己的か

利己的遺伝子は、親から子供へと連綿と伝わってゆく「本性」のことだと定義されています。個体の中の細胞集団を考えると、「生殖細胞」は、まさに親から子供へと連綿と伝わってゆく「本性」なのであり、「利己的細胞」と呼んでよいことになり、個体の体細胞集団が「乗り物」という形になります。では、生殖細胞は本当に利己的なのでしょうか。

「卵子についてこれから書きます。今日、あたしが知ったのは卵子と精子がくっついて受精卵になって、それにならんままのは無精卵という、とここまでは復習。受精、それは子宮でそうなるんじゃなくて、卵管というところでそうなって、くっついてくっついたのが子宮にきてそこで着床、するらしい（しかしここが全然わからない。どの本を読んでも絵をみても、やっぱり卵巣、から卵子が飛び出すときの、手みたいな形の卵管に、どうやって入れるかがわからない。ぽんと出る、と書いてあるけど、どうやって。すきまにはなにがあんのかなぞ）。それから、どう考えてよいかわからないこと。まず、受精して、それが女であるよって決まったときには、すでにその女の生まれてもない赤ちゃんの卵巣のなかには、（そのときもう卵巣があるのがこわいし）、卵子のもと、みたいなのが七百万個、もあって、このときが一番多いらしい、そして、それから、その卵子のもとはどんどん減ってって、生まれたときにはそれが百万とかにまで減って、絶対に新しく増えたりすることはないのらしい。それでそっからもどんどん減ってってって、あたしぐらいの年になって、生理がきたときには三十万個位になって、その中のほんのちょっとだけが、ちゃんと成長して、その増えるにつながる、あの受精、妊娠をできる卵になるらしい。ちょっと考えたらこれはとてもおそろしいことで、生まれるまえからあたしのなかに人を生むものがあるということ。大量にあったということ。生まれるまえから生むものをもってる。ほんで。これは本のなかに書いてあることだけのことじゃなくて、このあたしのお腹の中にじっさいほんまに、今、起こってあることやと、いうことを思うと生まれるまえの生まれるもんが、生まれるまえのなかにあって、かきむしりたい、むさくさにぶち破りたい気分になる、なんやねんなこれは。緑子」

長い引用をしましたが、これは、川上未映子氏の第138回芥川賞受賞作『乳と卵』の一節です。傍線を付けた部分は、生殖細胞の利己性の感性的な表現と取ることができます。これは胚の細胞が生殖細胞へと分化してゆく様子も示していますが、生物学的には正しい記述になっています。

多細胞生物では、個体は死を迎えても、その子孫は生殖細胞を介して次世代へと受け継がれます。その意味で、生殖細胞こそが、最も利己的であるといえます。生物個体の利己的特性が、いかに子孫に遺伝子を残すかにかかっていることは、ドーキンスの『利己的遺伝子』に明らかです。

受精後の卵割を通して胚発生が進むと、早い時期から体細胞とともに生殖細胞も生み出されます。この発生の初期段階で現れる始原生殖細胞は、その後、さまざまな変化を起こして精子または卵子に分化します。そして性成熟を迎えて雄と雌が交配すると、精子と卵子が受精し、やがて胚発生が始まり、次の世代の個体が生まれ出るというように、世代を超えて繰り返し子孫の生産に関わります。

我々個々人にとっては、体細胞で構成している個体そのものが我々自身であって、生殖細胞は無くても生きていけるので、命の脇役のような印象があります。しかし、ヒトという種が時間を超えて繁栄し続けられるのは、生殖細胞が次世代へとつながるからなので、我々の体（個体）は、生殖細胞のための「乗り物」ということができます。ドーキンスのように個体選択論者の立場をとったとしても、選択された個体の中に次世代につながる生殖細胞が存在して、しかも次世代を生み出して初めて、意味を持つことになるからです。しかし生殖細胞という立場から眺めると、生殖細胞自体は、本当に利己的といえるかどうか疑問がでてきます。

生殖細胞と体細胞は互換性がある

生殖細胞と体細胞は、遺伝子と細胞の関係とは異なり、お互いに変換しうる関係にあるので、生殖細胞が乗り物を操るという簡単な関係では説明できないのです。生殖細胞が生み出される過程は動物種によって違いがありますが、ここでは、先の『乳と卵』の引用文と重なるよう、ヒトを含む哺乳動物について説明します。

受精卵が分裂してある程度まで細胞の数が増えると、細胞の塊として胚盤胞が形成され、胚盤胞の外側は、胎盤など胚の外にある組織になり、胚盤胞の内側の細胞（内部細胞塊）は、生殖細胞とそれ以外の体を作る全ての体細胞に分化できる全能性を持つ細胞となります。

内部細胞塊の段階では、まだどの細胞が生殖細胞や組織の体細胞になるかの運命は決定されていません。胚盤胞はやがて子宮に着床し、劇的に成長していき、内部細胞塊は細胞がカップ状に配置された組織（エピブラスト）へ成長していきます。この段階になると、エピブラストのどの場所に局在していたかによって、細胞の運命が決まります。将来生殖細胞になることが運命づけられた細胞が、始原生殖細胞です。

なお、胚盤胞から培養細胞となったES細胞は、試験管内で体のいろいろな組織の細胞に誘導することができ、始原生殖細胞も誘導できます。すなわち、ES細胞を一旦エピブラスト様の細胞にしたあと、3種類の遺伝子（転写因子）を発現させると、始原生殖細胞様の細胞となり、この細胞を不妊の雄マウスの精巣に移植すると、精子形成が起きます。これらの事実は、初期胚の細胞は、体細胞と生殖細胞のどちらにも変換する能力を備えていることを示しています。

エピブラストの段階では、始原生殖細胞へ向かう前の細胞（前駆細胞）集団がエピブラスト上端部から胚の後端部に移動し、寄り集まってお互いに影響を与えながら始原生殖細胞への分化が完成します。

分化したばかりの始原生殖細胞は、増殖しながら胚の後端部分から胚の中を移動してゆきます。一方、胚の体細胞は生殖隆起（卵巣や精巣のもとになる組織）を作ります。生殖隆起が出来上がる頃に、移動してきた始原生殖細胞が辿りつき、生殖隆起の中に入った始原生殖細胞は、さらに分化して周囲の体細胞と形も大きく異なり、生殖細胞に分化します。

このような始原生殖細胞の質的な変換は、一言でいうとエピジェネティックな変化と呼ばれます。この変化では、周りの体細胞が作る環境の影響を受けて、DNAの基本的構造は変えずに、メチル化という化学修飾や、クロマチンのタンパク質の変化を起こします。そして、遺伝子は完全に保持されたまま、体細胞と生殖細胞という大きく特性の異なる細胞に変身させるのです。また、受精卵の性染色体がXYかXXかによって雌雄が決定され、始原生殖細胞は卵子（卵母細胞）か精子（精原細胞）か、生殖隆起は卵巣か精巣かが決定されます。

『乳と卵』の引用のように、緑子という女性の体では卵巣と卵子のもとになる卵母細胞が対応し、減数分裂をして卵子が生み出されてゆきます。

一般に、生殖巣は生殖細胞を守るために一方向的に生殖細胞を制御していると考えられていますが、生殖巣（体細胞）と生殖細胞の関係は密接な相互依存の関係にあります。たとえば、ショウジョウバエの生殖巣では、始原生殖細胞とそれを取り囲む体細胞の生存が、お互いに正と負のシグナルから成るフィードバック機構を介して始原生殖細胞の数の調節がおこなわれています。

具体的には、始原生殖細胞は増殖因子を発現し、生殖巣の体細胞はその受容体を発現します。そして、これらを仲介として、細胞どうしがお互いに接着をしてシグナルを交換します。すると、体細胞は始原生殖細胞の数量を感知して、始原生殖細胞の増殖を抑えます。その結果、体細胞と生殖細胞間の数のバランスが取られ、必要十分な始原生殖細胞の数が確保されることになるのです。

このように、生殖細胞は、利己的遺伝子とその乗り物の細胞との関係とは違います。利己的な生殖細胞が、体細胞が作る組織個体を乗り物として永続的な利己性を発揮するのではなくて、世代をつなぐ生殖細胞と、その乗り物となる組織を作る体細胞とが互いのあいだをいったり来たりして変身しながら世代をつなぐ、細胞変換サイクルを繰り返しているのです。

精子の利己的選択

ただ、見かけ上、生殖細胞の利己性が認められる例があります。それは「精子の利己的選択」といわれる現象です。これは、精子の増殖維持能を亢進するような遺伝子変異が起きた精子が利己性を発揮して、精巣内で占める割合を増加させる現象です。

高齢の母親の出産では、ダウン症の子供が生まれるリスクが高いことは良く知られていますが、最近は、高齢の父親から遺伝的異常を持つ子供が生まれるリスクに注目が集まっています。

精子や卵子の染色体や遺伝子に異常が生じれば、そうした生殖細胞に由来する子供は障害を持って生まれてくるリスクが高まります。自然突然変異や環境からの影響を受けた染色体異常や、遺伝子の突然変異は時間の関数となるので、高齢者ほど変異を持つ生殖細胞は多くなり、一般的にいって、高齢な父母ほど、障害児の出産の頻度が上がることが予想されます。

しかし、高齢者の父親由来の障害児の出現の頻度は、一般的な遺伝子の突然変異率を超えて非常に高いのです。しかも、年齢に相関して増加することがわかっていて、アペール症候群、コステロ症候群などがよく知られたものです。

アペール症候群の障害の原因は、増殖因子の受容体であるFGFR2遺伝子の突然変異であり、コステロ症候群の原因は、HRAS遺伝子の変異であることがわかっています。これら障害児たちの障害はこの子供たちだけに現れるのであり、次世代へと継承されないので、一般的な遺伝病とは違います。

こうした突然変異は、高齢の父親の精子に偶然に生じた突然変異によるのであり、「父親の年齢効果障害」と呼ばれています。

詳しい研究が進んでいるアペール症候群では、通常の遺伝的異常症の出生頻度の100~1000倍も高い比率で現れます。ではなぜ、こんなに高頻度で起きるのでしょうか。その原因は、2つの可能性が考えられます。

1つは、この遺伝子に突然変異が起きるホットスポットがあって、高い頻度で変異が生じてしまうという「ホットスポット」モデルです。もう1つは、細胞増殖の制御遺伝子に異常が起きて、変異を持つ精子幹細胞（精子になる源の細胞で、始原生殖細胞から由来する）が、他の精子幹細胞よりも増殖が早いため、精巣の中で異常精子が増えてしまうというモデルで、「利己的な精子」仮説と呼ばれます。

こうした仮説を検証するため、2人の正常な個人の精巣を各々4つに分け、それぞれをさらに数百の部分に分割して、それぞれの生殖細胞の特定の遺伝子の突然変異の頻度の空間分布が調べられました。さらに、非常に精密なPCR分析法を用いて、精巣の細部の部分の突然変異頻度も求められました。すると、精巣のある局部的な領域に、残りの精巣領域と比べると、1千倍から1万倍も高い頻度の突然変異頻度を持つ細胞集団の塊が見つかったのです。

もし、精子幹細胞の遺伝子上に変異のホットスポットがあるとすれば、精巣の全域で変異遺伝子を持つ精原細胞が検出されるはずです。しかし、精巣の限定された領域にだけ変異遺伝子を持つ精原細胞の塊が見つかるということは、変異を起こした精原細胞が増殖能を亢進してクローン増殖をした結果だと考えられます。

つまり、こうした変異が精巣内のどこかの精原細胞に偶然に起きるために、父親の年齢が増えると変異の発生も加算されますし、いったん変異を持つ細胞が生じると、増殖の優位性を獲得したために増えてゆき、これも父親の年齢が高くなるにつれて変異を持つ精子の集団が多くなるので、リスクが高まるということになります。

このような現象が「精子の利己的選択」であり、雄性の生殖細胞である精子や精原細胞が利己的に振る舞うことを示したものといえるでしょう。これは、先に述べたES細胞の培養系でも認められる現象であり、細胞の増殖の優位性を獲得するような遺伝子変異を生じると、その細胞だけが残存するようになり、細胞の利己性が顕著になるのです。

しかし、こうした生殖細胞の増殖優位性の獲得は、細胞そのものの利己性からは目的が達せられるように見えますが、その個体の永続性を阻害するという負の効果が拡大することになります。

脳（神経）細胞は利己的か

意識によってどんな哲学的問題が生じようと、この本の論旨でいうならば、意識とは、実行上の決定権を持つ生存機械の、究極な主人である遺伝子から解放されるという進化傾向の極致だと考えることである。

脳は生存機械の仕事の日々の営みに携わっているばかりではなく、未来を予言し、それに従って行為する能力を手に入れている。脳は遺伝子の独裁に背く力さえ備えている。たとえば、できるだけたくさん子供をつくることを拒むなどがそれだ。

私は、利他的であるにせよ利己的であるにせよ、動物の行動が実は非常に強力な意味における遺伝子の制御下にあるという見解を確立しようとしている。生存機械と神経系を組み立てる方法を指令することによって、遺伝子は行動に基本的な力をふるっている。しかし次に何をするかを一瞬一瞬決定してゆくのは神経系である。遺伝子は方針決定者であり、脳は実施者である。だが、脳は更に高度に発達するにつれ、次第に実際の方針決定をも引き受けるようになる。この傾向が進めば、論理的には結局、遺伝子が生存機械にたった1つの総合的な方針を指令するようになるだろう。つまり、我々を生かしておくのに最も良いと思う事を何でもやれという命令を下すようになるであろう。（『生物＝生存機械論』99頁）
引用したドーキンスの表現によれば、神経系は動物個体の行動を指令するので、脳は個体の利己的振る舞いを支配していることになります。そして、神経系が遺伝子の支配によるのであれば、利己的遺伝子は脳を通して個体を支配することになります。とくに、ヒトでは脳という組織、そしてそれを構成する神経細胞は、個々人の精神活動をつかさどり、行動を指令するなど、個体の生存の選択や利己性の発揮に大きな意味を持つ細胞です。ここでは脳神経系が個体の利己性の発揮をどう操るかには触れず、神経細胞自体が利己的であるか、つまり神経細胞は体細胞の中で増殖的優位性を持つのかどうかに限って、議論してみたいと思います。

神経細胞の発生はデフォルトシステム

脳組織の細胞は、神経細胞とグリア細胞、アストロサイトやオリゴデンドロサイトで、これらの細胞は、神経系の幹細胞から生み出されます。これら神経系の細胞は、発生期の胚の外胚葉から生みだされます。これまで、神経系の発生については、発生期の胚の背側の中胚葉の特定の細胞のグループ（オーガナイザーと呼ばれる）から誘導的な信号を外胚葉が受け取り、この信号が隣接した外胚葉細胞の運命を神経細胞へと決定すると考えられていました。しかし、最近のデータでは、この古典的なモデルに疑問が生じています。

それは、分離した外胚葉の細胞を低密度で培養すると、特に誘導因子がなくても、そのまま神経系の細胞に分化してしまうからです。こうしたいくつかの証拠から、神経系は他からの影響を受けなくても自律的に形成できる、デフォルト・メカニズムだと考えられます。

デフォルトとは、パソコンや周辺機器、ソフトなどの利用を開始する際、ユーザーが1つ1つの項目をわざわざ設定しなくても問題なく動作するように適切な設定がなされていることを表します。つまり、神経細胞の出現は、特に何も手を加えなければ、初期設定として現れる姿だといえます。実際、これを裏づけるように、全能性を持ち、初期胚と等価だと思われるES細胞は、試験管内での分化誘導をおこなうと、特定の処理をしなくても容易に神経細胞が出現してくることが知られています。

脳オルガノイドの自律的形成

ランカスター（Madeline A. Lancaster）らは最近の報告で、ES細胞やiPS細胞の培養によって、3次元的な脳構造を持つオルガノイドと呼ぶ脳組織を作ることができることを示しました。この組織形成は多能性幹細胞の自律的な細胞増殖と組織構築によっていて、ヒトの脳発達の様相と類似しています。

栄養素の吸収を高めるために回転するバイオリアクターで培養すると、脳オルガノイドは4㎜のサイズまでになり、数か月間維持することができます。その組織構造は、人間の脳内の脳脊髄液を含んだ脳室のようであり、脳脊髄液を含むカリフラワー状の組織である脈絡叢とよく似ています。

脳オルガノイドの内側の脳室を囲む組織は、異なる脳領域のマーカーを表現する特定の皮質領域へと分化していることもわかりました。ヒト大脳皮質は、進化的には動物界で最も複雑な組織ですが、発生中のヒトの大脳皮質に相当する特徴的な構造が作りだされているといえます。

この組織の最も内側の層は脳室層に相当し、そこでは、グリア細胞が分裂しつつ、ニューロンの誕生を促すはたらきをしています。さらに細かくは、脳室下帯に相当する構造も出来ていて、放射状に分布したグリア細胞に由来する細胞群がさらに分裂して、大きな大脳皮質を構築するために必要となる大部分のニューロン形成を誘導する場を広げるようにはたらきます。

血管がないために、組織の栄養の補給などが乏しく、より大きなサイズに拡大することはできないものの、その他の領域も含めたヒトの脳の基本的構造が培養系で誘導できたことを示しています。

この報告では、後で述べるヒトの小頭症について、培養オルガノイドで再現する実験もしています。まず、CDK5RAP2遺伝子の欠損のために小頭症を呈している患者の皮膚からiPSの細胞を作ります。このiPS細胞から神経細胞を誘導し、オルガノイド形成をおこなうと、脳オルガノイドのサイズは小さくなりました。そして、正常なCDK5RAP2遺伝子をiPS細胞に導入して脳オルガノイドを作ると、正常なサイズに復帰することも示されています。

この脳オルガノイドの手法は「コロンブスの卵」ともいえますが、ランカスターは、日本の笹井芳樹の開発した3次元培養による組織形成法を参考にして開発したと述べています。いずれにしても、ヒトの組織として最も高次の機能を持つ脳が、培養系でこんなに簡単に作れるのは不思議です。

こうした、一連の神経細胞の特性は、個体発生の初期から神経系、さらには脳組織の形成が自律的に進む能力を備えていて、自己組織形成能力が高い能力を持った細胞だといえます。その旺盛な増殖力と個体を支配する能力を考えると、神経細胞は、始原生殖細胞とともに、個体の行動を含めた生殖戦略を導く利己的な特性を持っていると見ることができます。

神経は死んだら再生しない？

ところが、長年にわたり、いったん脳の形成が完了すると、それ以後、神経細胞は新たに増殖せず、ただ死んでゆくだけだと考えられていました。

神経科学者ならば必ずその名前を知っているラモン・カハール（Santiago Ramón y Cajal）は、神経細胞のみを銀で染色し可視化する染色法を駆使して、樹状突起や軸索といった神経細胞の基本的仕組みを明らかにしました。そして、神経組織は、多数の神経細胞がシナプスを形成し、電気的信号を送ることで、人体の各部位に命令を伝達しているというニューロン説を提唱し、その優れた功績によってノーベル賞を受賞しました。

彼は神経の再生現象も詳細に観察し、末梢神経の損傷再生過程や脳に外傷を与えたときの変性過程では、末梢神経には軸索再生能があるものの、中枢神経にはそのような再生は起きないと記述しています。

そして、「いったん発達が終われば、軸索や樹状突起の成長と再生の泉は枯れてしまって元に戻らない。成熟した脳では神経の経路は固定されていて変更不能であり、あらゆる神経は死ぬことはあっても再生することはない」と結論づけました。

そしてこの高名な神経科学者の「成人の神経細胞は分裂せず、したがって脳に自己修復力はない」という考え方は、その後およそ百年近くも神経科学者のドグマとなってしまいました。

しかし、最近になってこれを覆す知見が次々と発表されるようになりました。とくにインパクトを与えたのは、高齢者の脳においても、自己増殖能と神経細胞への分化能を有する神経幹細胞が発見されたことです。そして、脳組織のある領域では、幹細胞が増殖分化し、生涯にわたって神経の新生も起きているという確実な証拠が示されるようになりました。

ヒト脳の巨大化への遺伝子進化

ヒトの脳の進化を追跡すると、脳の利己性がよくわかります。ヒトとチンパンジーは600万年前に先祖から分岐しましたが、そのあいだにそれぞれの脳の大きさは大きな隔たりを生じました。チンパンジーは約400ccですが、ヒトは1200ccから1400ccの大きさです。400万年前から生きていたアウストラロピテクス類の化石は、チンパンジーと同じサイズの脳を持っていましたが、約190万年前のホモ・エレクタスの脳は、チンパンジーの約2倍になっていて、劇的に大きさを増していました。さらに脳の大きさは増大してゆき、ネアンデルタール人では1500ccになっています。

このような脳のサイズの急激な変化を導いたのは、脳細胞を増やすような遺伝子の突然変異が起きたからだと推定されます。では、このようなヒトの脳が特有の大きさと構造を獲得するのに、どんな遺伝子の進化が起きていたのでしょうか。

こうした疑問は、ヒトの小頭症の原因遺伝子が特定されたことで、回答が得られつつあります。小頭症の原因遺伝子は、脳のサイズを決めるためにだけはたらいており、とくに、発達段階の脳サイズの制御にかかわっていると推定されてきました。これに関係する遺伝子は6つあり、そのうち、ミクロセファリン、CDK5RAP2、ASPM、CENPJという4つの遺伝子がすでに同定されました。その中でも、先に述べたように、CDK5RAP2は脳オルガノイド研究により、神経細胞の増殖制御によって脳のサイズを決めていることがはっきりしました。

ミクロセファリン遺伝子の機能を失った患者の脳のサイズは、およそ400ccであり、正常者とくらべると著しく小さく、また大脳皮質も、とくに小さいことが特徴的です。ミクロセファリンは胎児の脳の増殖性の層領域で顕著に発現していて、細胞増殖を調節する特徴的な構造を持っているので、神経発生時に、神経芽細胞の増殖と分化を制御すると考えられます。

ヒトの脳は、大脳だけで100億、脊髄まで入れると約1000億の神経細胞があるといわれていますが、もし、ヒトの脳の進化過程で、実質的な神経細胞の増殖を高めることが起きていたとすれば、ミクロセファリン遺伝子などは、ヒトで正の選択を受けた可能性があります。

そこで、たくさんの現代人の集団で解析すると、ミクロセファリン遺伝子のある特定の多型を持つ集団が、進化過程で正の選択を受けてきた形跡があり、人類が大きな脳を持つようになることと、大きな相関関係があると推定されました。しかも、この多型を持つ人々は、現代のわれわれの集団の中でも、まだ正の選択を受け続けているということです。同じように、ＡＳＰＭ遺伝子も正の選択を受けていて、現在でも進化が進行しています。

小頭症の原因遺伝子は、神経細胞の細胞分裂の時の紡錘体の軸の方向を調節する機能を持っています。脳の形成の時に、神経幹細胞は、水平にシート状に並んでおり、幹細胞の分裂では、紡錘体の軸が水平なときは細胞分裂が水平に起きて、分裂後の細胞はどちらも幹細胞になるという対称性の分裂を起こします。

しかし、紡錘体の軸が垂直の場合は、細胞分裂は垂直方向におき、下側のシート状に並んでいる下側の細胞は幹細胞になり、上側の細胞は分化した神経細胞の前駆細胞になるという非対称分裂を起こします。そこで、分裂中の細胞の紡錘体の軸が水平か垂直かによって、幹細胞を増やすか、神経細胞をたくさん作るかの決定をすることになります。

これら遺伝子の変異が起きたことで、神経細胞の紡錘体の軸変化を介する対称性分裂と非対称性分裂のバランスが変わり、神経細胞を増やす調節機能を獲得し、脳の拡大ができるようになったと予想されます。

そのほかにも、ヒトは、チンパンジーと比べて、脳の新皮質形成や神経回路形成にはたらくいくつかの遺伝子の突然変異が新たに生じて、脳の神経細胞の増大とともに、神経間の制御ネットワークの幅を広げ、新皮質など、ヒトに特異的な脳の領域や神経回路の発達の進化を進めたと考えられます。

大きな脳への進化は、エネルギー確保の向上を伴う

ヒトはこうして脳を極端に大きく拡大させるような進化の道を選ぶことになりましたが、この大きな脳の活動を支えるには、十分なエネルギーの確保が必要です。脳のサイズが大きくなると、それだけ新しいエネルギーの供給が必要となります。

実際、新生児は休んでいるときでも、脳は実に全体の60％ものエネルギーを消費していますし、休んでいる大人の脳でも25％のエネルギーを消費していますが、サルの脳は８％のエネルギーをつかっているだけです。一方、ヒトの体全体としては、脳以外では他の哺乳動物と、ほぼ同じカロリーしか消費していません。

ヒトは、肉食になり、しかも火を使って調理して、容易に高カロリーの食事を摂取できるようになったことで、大きな脳を支えることができ、消化器官を縮めることで、エネルギーを節約したと考えられます。実際に、煮た場合と生のままで与えたときの消費したエネルギーを比較すると、調理牛肉は消化のときに23％も少ないエネルギーしか消費していないことがわかります。

３４０万年以上前のアウストラロピテクス属が肉を切り離す石器を使っていた考古学的証拠があり、また、脳の急激な拡大が始まったホモ・エレクタスは、顎と歯とともに、腸、胸郭サイズが小さ

くなっていたことが認められるので、調理した食物のために咀嚼と消化の負担が軽減していた証拠だと推定されているようです。

食物としての栄養源の確保ができるとともに、巨大な脳を支えるためのエネルギー代謝の進化も起きました。ヒトの脳は、他の類人猿の脳と比べると、ミトコンドリアの電子伝達系にかかわる遺伝子の発現の上昇が認められます。これら遺伝子は、類人猿からヒトへの進化で正の選択を受けていますが、面白いことに、ヒトとチンパンジーだけでなく、両者の共通の先祖でも適応進化した証拠があったのです。つまり、先祖の段階で、あらかじめミトコンドリアの分子機械を改良して高エネルギー産生機能を確保したことで、ヒトの脳の拡大への準備ができていたといえます。

利己的脳仮説

脳は、人のエネルギー代謝の階層で特別な位置を占めています。それは、大脳のホメオスタシスが脅かされる場合には、脳はエネルギー資源を身体のほかの臓器と競争する「利己的な」やり方で守ることになるからです。これはある意味で、脳の戦略的、あるいは需要と供給の経済的原則に則ったものであり、この「大脳のサプライ・チェーン」モデルでは、脳は最終の消費者となるのです。

たとえば、人が心理的、社会的なストレスの条件下に置かれた状態では、脳はストレスによって必要となる増加エネルギー需要をカバーするために、身体全体から積極的にエネルギーを吸い上げるように作用し、筋肉や脂肪組織などの末梢組織へのグルコースの供給を制限し、かつ大脳のグルコース供給を増強するような「大脳のインスリン抑制」をおこないます。さらに、ストレスはエネルギー供給体制を増加させるために、人の食物摂取行動の著しい増加を誘発します。脳のこうした生理学的特性から、脳という組織は利己的な組織であるということができ、利己的脳仮説が提起されています。

脳とそのサプライ・チェーンの関係は、人間の死の判定基準とも関わりがあります。1981年に、米国で法的な死の判定の評価基準が出来上がりましたが、その基本的な点は、「脳幹を含む循環、および呼吸機能の不可逆的な休止、あるいは脳全体のすべての機能の不可逆的休止」であり、これが「個人の死」の定義となりました。それは、「合理的に疑いの余地のない脳幹の不可逆的な機能喪失の状態」が「引き返すことのできない限界点」であり、最終的には「脳幹死を死自体と同一視する」という考えに至ります。それは、「脳幹死は、脳死の生理的なカーネル（つまり、階層型に設計されたオペレーティングシステムの中核となる部分）であり、脳幹反射の喪失がある無呼吸的な昏睡という解剖学的な証拠と、数時間から数日以内の心停止が起きるという診断後の不変の決定的要因を伴ったものであり」、脳幹の統合能力の喪失は「全体的な生物機能の永久的停止」という「死の定義」の主要な要素となるからです。このことはまた、脳がいかに利己的に体を支配しようとも、自らの生存を心肺による血液と酸素の供給にゆだねているので、それを絶たれたら司令塔自体が成り立たなくなることも意味しています。これはR1プラスミドと細菌の関係のように、お互いの生存を維持するための「腐れ縁」の関係のようでもあります。

強大な脳と利己的遺伝子の抑制

ヒトの巨大な脳の進化は、人類の進化にもっとも大きな意味を持っていますが、個々人の行動を通して、生存戦略と生殖行動の上から有利になり、子孫の拡大に大きな影響を及ぼしたことは明白です。しかし、脳のサイズと機能における強い選択、および同時に増加する寿命が、ヒトの進化の特徴であると同時に、ヒトは他の動物と比べて極端に高い発がんのリスクと神経系の疾患になりやすいという負の側面もあります。統合失調症、パーキンソン病、およびアルツハイマー病は、本質的には一定のヒトの条件ともいうべきものであり、これら病気のリスクは、社会的な脳の拡張によって高められた脳の表現型と関連しています。そして、これらはまた、がんの発生リスクとも強い関連があります。

脳細胞を多くするためには、増殖を高める遺伝子のはたらきを上昇させ、それを抑制する遺伝子や細胞死にかかわる遺伝子のはたらきを弱めるような進化が起きたはずです。実際に、いくつかの細胞増殖関連遺伝子がヒトで正の選択を受けていますが、このような遺伝子が細胞の増殖を高めるようにはたらくと、発がんのリスクを高めることになります。そして、これら遺伝子ががんのリスクを抑えるようにはたらけば、一方で、ニューロンの消失と神経脱落疾患のリスクを増やすという形で現れます。つまり、増殖関連遺伝子は両刃の剣のようなはたらき方をします。

細胞増殖を亢進する遺伝子は、細胞を増やすという目的を強める遺伝子であり、「利己的遺伝子」の重要な特性を持っているといえます。このような細胞増殖を亢進する遺伝子は、個体の全体の細胞間の増殖のバランスを保つことが要求されており、ここでも、利己的遺伝子は抑制的にはたらくことが進化的に要求されていたといえるでしょう。

がん細胞は利己的か

細胞は利己的かという設問をすると、だれでも思い浮かべるのはがん細胞です。そこで、がん細胞の利己性について考えてみます。

我々の体の細胞は、先に述べたように、およそ60兆個の多様な組織の細胞からできていますが、この膨大な数の細胞は、発生後も繰り返される細胞分裂によって作りだされ、生涯を通して維持されます。個体発生における細胞分裂では、受精卵からスタートして、ただただ細胞分裂を繰り返すのではなくて、細胞の増殖能や分化の潜在力は段階的に変化します。胚の細胞から幹細胞、そして前駆細胞、成熟細胞の順で、分裂能力には階層性があり、細胞分裂回数は、その能力に応じて調整されています。胚の細胞は胚の細胞永久的な増殖能がありそうですが、発生過程で分裂を繰り返すたびに、その潜在的な分裂能を減少させてゆくと考えられ、体細胞は、多細胞体系の縛りの中で、永続的な増殖能を抑制されるようにデザインされています。つまり、細胞の利己性は抑えられているのです。

この計画的な抑制を破るのが、がん細胞です。しかし、がん細胞は自分勝手に永続的増殖能を発揮し始めるのではなくて、正常細胞の遺伝子に突然変異が起きてはじめて、がん細胞に変身することができるのです。

それは、細胞分裂は、染色体の複製や分配など、いくつかの複雑なステップが必要で、これを誤れば、染色体異常を起こしてがん化するリスクが高まります。つまり、分裂する回数が多ければ、それだけがん化のリスクが高まることになります。そこで、分裂回数を抑制することは、個体の永続性の上からリスクを軽減させていることになります。そこで、多細胞生物では、体細胞の分裂回数をできるだけ少なくして、それぞれの動物種の個体の体に対応する細胞数を増やし、維持するための最適化を図っているのです。

がんの不運

それゆえ、体細胞に生じる遺伝子の突然変異がもたらす最大のリスクががん化だといえます。それは、がん細胞は増殖能を強め、多細胞体系の調節を破り、個体の死を招くからです。大腸がんの発生のメカニズムで大きな貢献をしたボーゲルスタイン（B. Vogelstein）は数学研究者と協力して、こうした細胞分裂を考慮し、がんの起源を数理的に求めた研究成果を報告しています。

多くの組織細胞はその組織の幹細胞の分裂によって出来上がりますが、彼らは、それぞれの組織が完成されるまでに、幹細胞が何回分裂する必要があるかを計算し、それぞれの分裂によるがん化の原因となる突然変異の蓄積を推定したのです。そのために、組織ごとの総細胞数を見積もり、その中の幹細胞の数を算定して、幹細胞の分裂回数を求めて計算したがん発生率と、実際のがん統計とを比較しました。

すると、すべてのがんの3分の2は、彼らの計算したがんの発生数で説明できると結論できたのです。つまり、がんになるのは、ただ運が悪かったのだということになり、がんは個体の死を招きますので、個体は死ぬべき運命にあらがうことはできないということになります。

がんは遺伝子の病気

がん細胞は正常組織の細胞とは病理学的診断で明らかな違いが認められ、細胞の病気ということができます。また、その原因は遺伝子の変異にあるので、遺伝子の病気ということにもなります。がん細胞の出現には、がん遺伝子とがん抑制遺伝子と呼ばれる遺伝子の突然変異が必要です。

がん遺伝子とは、もともとは細胞の増殖を正に制御する、つまり車のアクセル役の遺伝子であり、がん抑制遺伝子は、もともと細胞増殖を抑えるはたらきを持つブレーキ役の遺伝子です。そこで、両方の遺伝子が正常にはたらいていれば、細胞は必要に応じて増殖し、また増殖を停止することができます。

がん遺伝子やがん抑制遺伝子の変異も、ほかの遺伝子の変異と同じ原因によって生じます。一般に遺伝子の変異は、酸素呼吸に必要なミトコンドリアで生じる活性酸素や反応性のある細胞核内の代謝産物などの「内因的因子」により作られると考えられています。これらに加えて紫外線、放射線や、タバコなどの化学物質、発がん物質などの「外からの因子」により、大量の特異的なＤＮＡの傷が生じることがわかっています。我々の体内では、こうした変異源物質のために、常に多くの遺伝子変異が誘導されています。

遺伝子変異は、DNAの塩基の置換などの損傷が一日細胞あたり2万個、DNAの1本の鎖の切断が1日細胞あたり5万個、DNAの2本の鎖が同じ箇所での切断でも10個というように、信じられないほど多くの損傷が我々の1つの細胞中のDNAに絶えず生じていることがわかります。これは、一定の環境条件下では避けることのできない、遺伝子変異の蓄積ということになります。

こうしたDNAの点突然変異など微小な変異に加えて、染色体の複製の時の組み換えが起きて染色体転移座、遺伝子増幅など、遺伝子配列に大幅な寸断や異常が起きることもあります。さらに、年齢とともにテロメアが短縮する効果により、染色体の不安定性が増し、染色体の異常が起きやすくなります。

こうした遺伝子の変異や染色体の異常が起きると、修復機構や監視機構がはたらきますが、修復が不可能な細胞は細胞死を誘導して排除するようになっています。さらに、細胞は遺伝子変異を修復する酵素を備えていて、こうした多数の遺伝子変異を修復して元に戻すことができます。

しかし、こうした二重の遺伝子の安定性の管理システムをかいくぐって遺伝子の突然変異を持つ細胞が出現してきます。変異を持つ多くの細胞は遺伝子変異が致死的なものであれば死滅してしまうので、多量の組織細胞集団の中では目立った変化は起きませんが、その変異細胞が自ら増殖能を獲得して組織内で異常細胞の量的拡大を図るようになるのが、がん細胞です。

さて、がん細胞は個体の組織の細胞にとってみれば増殖抑制機能を失って暴走する細胞集団であり、自らの増殖を維持するために血管の再生を促す因子を誘導し、毛細血管を作り、栄養や酸素の供給ができるような微小環境（ニッチ）を作り出し、増殖を繰り返してがん細胞の凝集塊を形成してゆきます。

また、凝集塊から離れて血管やリンパ管に入り込むと、別の組織に転移や浸潤をおこない、正常組織の機能を破壊するようになり、やがて個体の死を迎えることになります。このように、がん細胞はまさに自己増殖を目的とする利己的な細胞といえます。

しかし、がん細胞の利己性は個体内にとどまり、自ら招いた個体の死とともに消滅する運命にあるのです。がん細胞は血液を通して他人に移植されたとしても、それぞれの人の組織適合性抗原の違いによる免疫的監視機構があるために異物として認知され、エイズウイルスのように感染することはありません。

ところが、最近になって、個体間で感染を繰り返し、その個体でがん細胞が持続的に増殖でき、こうした感染をくりかえして長年にわたって生き延びてきた、まさに利己的ながん細胞が存在していることが発見されたのです。

利己的細胞として永遠に生きる伝染性がん細胞

イヌの交尾で伝染するがん細胞

イヌの可移植性性器腫瘍（ＣＴＶＴ）は、交尾によって伝染性に起きる外性器のがんです。まれに、雄イヌが外陰部をなめることにより、鼻腔や口腔の粘膜に感染することもあります。イヌばかりでなく、オオカミやコヨーテにも発生するがんです。

このがん細胞には、ウイルス様の粒子が見つかるという報告もあり、未知のウイルスの可能性を排除できていなかったのですが、２００６年になってはじめて、このイヌのがんの正体は、感染性を持つウイルスのしわざではなく、がん細胞そのものの感染性によることが判明しました。

イヌの染色体は通常78本ですが、この腫瘍細胞では57～64本に減少しています。また、イヌの染色体はX染色体とY染色体以外はすべて末端にセントロメア（染色体を極に向って引き寄せていくために紡錘糸が付着する染色体の場所）を持っています。しかし、腫瘍細胞では、中心部にセントロメアを持つ染色体が多くなっているという染色体異常が認められます。そして、世界中の異なる地域で発見されたＣＴＶＴは、常に同じタイプの異常染色体を持っていました。

さらに、この腫瘍の起源を探るため、５大陸に分布している多数のサンプルを集め、マイクロサテライトマーカー、ミトコンドリアのＤＮＡ、それにイヌの組織適合性抗原遺伝子などが詳しく調べられました。その結果、20年間にわたり世界中の異なる地域で収集されたＣＴＶＴのサンプルにおいて、すべてのがん細胞でｃ－ｍｙｃというがん遺伝子の近くにＬＩＮＥ－１が挿入されるという共通性が確認できました。

そして、イヌの組織適合性抗原遺伝子は膨大な数のタイプの遺伝子があるにもかかわらず、たった２つのハプロタイプの遺伝子に限局していることがわかりました。また、ミトコンドリア遺伝子のタイプ分けからも、がん細胞は２つのタイプに限局されていることが示されました。さらに、組織適合性抗原遺伝子やマイクロサテライトＤＮＡのタイピングをおこなうと、２つのがん細胞は、オオカミと東アジア由来の多種類のイヌと近い関係にあることがわかったのです。

つまり、世界中のＣＴＶＴのすべてが、２つのタイプの腫瘍細胞に由来したものだったのです。２つのサブタイプに分類されたがん細胞は、お互いの遺伝子型は非常に高い類縁性を持ち、がん細胞が発生してからすぐに２つのタイプに分かれ、それぞれが変化しつつ伝搬して今日に至ったと考えられました。そして、このがん細胞クローンは、２００～２５００年前に、オオカミ、あるいはハスキーイヌやシーズーのようなアジア産の古いイヌ種に生じたものだと推定されました。

このがん細胞は、イヌ科の系統樹の上から、イヌとオオカミという種に分離する前の先祖の種においてすでに生じていたものであり、ＣＴＶＴは、種を越えて、オオカミでもイヌでも伝搬して広がってきたものと推定されました。この疾患はイヌが交尾するときに伝播しますが、キツネやコヨーテのような他のイヌ科の動物にも伝染する場合があることが知られています。

そこで問題となるのは、なぜＣＴＶＴが種まで越えて伝搬できるのかということです。臓器移植でよく知られているように、ある個体から別の個体へ細胞を移植すると免疫的な拒絶反応が起き、移植されても排除されますから、ＣＴＶＴが交尾により、別の個体へ侵入したとしても排除され、維持されないはずです。ところが、ＣＴＶＴは、移植免疫系ではたらいている宿主の組織適合性抗原の活性を抑えていることがわかったのです。つまり、このがん細胞のきわめて特徴的な進化的適応によって、世代を越えて異種間でも伝搬する能力を獲得したものといえます。

このがん細胞は発生以来１万年も個体間を渡り歩いて継代されてきているので、その間には染色体ゲノムの変異とともに、ミトコンドリアＤＮＡの変異が蓄積され、その変異によってはミトコンドリアの機能を失うこともありえます。特に、がん細胞の旺盛な増殖はエネルギーを必要とするので、ミトコンドリアの機能は重要です。そこで、イヌ、オオカミ、および地理的に多様なＣＴＶＴ試料からのミトコンドリア配列の系統発生分析をおこなったところ、がん細胞が、その宿主から周期的にミトコンドリアを獲得した歴史があったことが示されました。これは、がん細胞のミトコンドリアが高い突然変異率を持っていて、増殖のあいだに穏やかな選択を受けて退化する傾向があるので、それを克服するために、宿主の正常なミトコンドリアを取り込んで適合して、安定的で永続的な増殖を図った結果だと考えられます。

また、腫瘍細胞は異常染色体があるのに、そのゲノムは何世代も超えて驚異的に安定しています。その理由として、ＣＴＶＴではテロメラーゼがつよく発現していて、短いテロメアでも安定的に維持され、染色体異常が起きないようにしているためだと考えられています。

ＣＴＶＴというがん細胞は誕生して以来、自然界で伝搬を繰り返し、単一細胞としては、おそらく世界最長の寿命を持つ細胞として、種を超えて増殖を繰り返してきたのです。これはまさに、利己的細胞そのものであるといえるでしょう。状況によっては、このがん細胞はイヌ属を滅ぼしてしまいかねないのですが、宿主を絶滅しない程度の毒性のために、結果として永続的な生命体としての自立性を維持しているのであろうと推測されます。

種を滅ぼしかねないタスマニアデビルのがん細胞

このイヌのがん細胞は極めて特殊な存在であるように見えますが、ウイルス性でなく伝搬するがん細胞の存在が、他にもタスマニアデビルで発見されました。

タスマニアデビルは、フクロネコ目フクロネコ科タスマニアデビル属に分類される現生で世界最大の肉食有袋類であり、別名、フクロアナグマとも呼ばれます。現在はオーストラリアのタスマニア島だけに住む珍獣で、するどくとがった歯を使って、魚や鳥、羊まで何でも食べてしまう肉食動物です。真っ黒な体はそれほど大きくないものの、歯をむき出しにし、大きな口を開けて相手をおどかす様子はデビル（悪魔）そのものです。

このタスマニアデビルには、１９９６年に初めて公式に報告された「デビル顔面腫瘍性疾患」（Devil facial tumour disease ＝ＤＦＴＤ）と呼ばれる伝染性の病気があります。ＤＦＴＤは、タスマニアデビルの顔面や頚部に発生する致死性の悪性腫瘍であり、繁殖や餌の争奪時における咬傷を通じて他のタスマニアデビルに伝染するので、この10年間で30%～40%まで個体数が減少してしまいました。

この病気も初めはウイルスなどが原因と考えられましたが、腫瘍細胞の分析から、感染の本体は腫瘍細胞自身だとわかりました。タスマニアデビルの染色体は通常7対14本であるのに対して、DFTDのがん細胞は13本の染色体しかありません。しかも性染色体を含む5本の欠失に加え、4本の異常染色体が出現するなど、大幅な染色体異常を示すのが特徴です。この染色体異常は、異なる個体から採取された全てのがん細胞で共通に認められるので、イヌのCTVTと同様に、同一起源のがん細胞が自家移植によって伝染することの強い証拠と考えられるようになったのです。

捕獲されたDFTD罹患個体のうち83%までが成獣ですが、成獣の発症が多いのは、主に餌を巡る争いや求愛行動の際の咬傷を介して感染するためと考えられています。DFTDのがん細胞も、個体から個体へ、おそらく咬傷を介して伝搬し、そこで免疫反応を免れて増殖すると考えられます。タスマニアデビルの免疫反応に重要な役割を果たす組織適合性抗原遺伝子の研究報告は少ないものの、多様性がほとんどないとされており、最初の1匹に生じたがん細胞にMHCの異常が含まれていたために、免疫監視機構からまぬがれて生存できる能力を獲得したと考えられます。

1964年から1965年に捕獲された2000匹を超えるタスマニアデビルについては、DFTD様の症状に関する報告は皆無だったのですが、その後、感染地域は拡大の一途をたどり、2006年12月での個体数は、過去10年間に33～50%程度減少したという野外調査もあります。これは発生以降の感染規模拡大がいかに早かったかを示しており、爆発的に広がる強い伝染病の動物版とも考えられます。

イヌのＣＴＶＴと違って、タスマニアデビルのがんの感染では、組織適合性抗原を抑え込むような免疫回避をしていないことがわかりました。といっても、腫瘍は噛みあいによって個体から個体へと移植されるのですから、宿主免疫システムによって認識されて、拒絶されるはずです。そこで、タスマニアデビルの野生集団の遺伝子的背景の調査がなされ、多くの野生集団の組織適合性抗原に多様性がないことがはっきり示されました。混合リンパ球応答で調べたところ、タスマニアデビルの組織適合性抗原の多様性が極めて少ないために、異なる個体間のリンパ球のあいだで起きるはずの排除反応が起きていないことがわかったのです。つまり、タスマニアデビルでは個体間の免疫排除機構がはたらかないために、がん細胞が簡単に個体から個体へと伝染できていたのです。そして、このことが、伝染性のがん細胞の永続的な蔓延の決定的な原因だったことがわかりました。

タスマニアデビルは、その生存がこの島に制限されてしまったために、実験室内で交配を繰り返した純系のマウスのように、この１５０年のあいだに、組織適合性抗原の遺伝的多様性が低くなってしまったのです。タスマニアデビルのがんは、非自己／自己認識に関わる遺伝的多様性の損失の結果として起きたという恐ろしい例を示しているのです。タスマニアデビルの組織適合性抗原の遺伝的多様性の低さは、移植免疫の常識からは不思議なことですが、以前からの研究で、チーター、ホリネズミなどの動物では、移植片に対する拒絶反応が低く、それは組織適合性抗原の多様性が不足しているからだという事実も知られています。これらの生物種は、生息環境が限定されたために、長期にわたる同系交配によって、このような遺伝的背景が生じたと説明されています。

そこで、抗腫瘍免疫の欠如がＭＨＣ－１分子発現の欠如に起因することに着目して、ＤＦＴＤによる免疫化、あるいはMHC－1を発現する細胞移植などによる抗腫瘍応答も検討されています。最近、こうした方法で効果的な抗腫瘍応答が起きることが示され、今後、DFTDワクチン作成の可能性があり、最終的には種の保存を図ることが期待されています。

また、少数のデビルが致死的な病気から自発的に回復することが観察されていますので、これらのまれな症例のゲノムを配列決定して、他のデビルのゲノムと比較するという研究もおこなわれ、潜在的にDFTD生存能力に関連する2つの重要なゲノム領域がクローズアップされました。その中のPax3の変異体は血管新生に影響を及ぼす遺伝子で、腫瘍微小環境において役割を果たすことが予測されました。そこで、今後、Pax3などによる腫瘍増殖を減速させる方策と、退縮した腫瘍の免疫応答を考慮した治療が提案されています。

タスマニアデビルのDFTDが種の滅亡へと導きかねないもう1つの理由は、この動物の個体間での攻撃的行動にあります。かみ合いで伝染した腫瘍クローンが、この動物の集団の中でどんどん広まり続けているのです。そこで、この生物種を絶滅させないためには、病気の動物を除去し、正常な動物を隔離してこの攻撃的行動を排除するようにする必要があります。

タスマニアデビルは、このがんに感染すると、性的に成熟した成獣の死亡率を16倍も増加させていることがわかりました。その結果、2001年以降、この動物集団はほとんどが3歳以下の動物だけになってしまったのです。メスは、2歳の性成熟のときに季節繁殖を始めて、生涯に3回は出産をするのが普通でしたが、現在では、メスは1回しか出産できる年齢までしか生きられないのです。この病気の発生が10年前に報告されて以来、現在ではその集団は実に89％も減少しました。

これを反映したためか、1歳までのメスの早熟性の生殖能力が増加していることが認められました。早めの繁殖を用意したメカニズムは、集団密度が減少した結果として、食物を得るための競争が減り、それに対応して成長が早まったからだ考えられています。つまり、タスマニアデビルは、この早熟性の生殖能力を獲得して、伝染性のがんによる成獣の死亡率を下げるように対応して、結果として集団の維持を図るようになったのです。

生物種を越えて伝染する二枚貝のがん細胞

陸上の動物たちの中では、タスマニアデビルとイヌの腫瘍がはっきりとした伝染性が示されているのですが、これに加えて、海の中の生き物である海洋甲殻類（二枚貝）の中にも、伝染性の腫瘍があることが報告されていました。最近の研究から、この二枚貝の腫瘍の1つは、伝染性の腫瘍が広範囲にわたっていて、腫瘍が生物種を飛び越えて異種生物に伝搬するという驚くべき発見が報告されています。

この腫瘍細胞が伝搬すると、貝の体内を循環する大型の異常細胞が過剰になり、白血病のような病態を呈します。病気にかかった貝の循環体液は濃く、不透明になり、組織は浸潤した腫瘍細胞でいっぱいになります。このような貝の病態の発生は1960年代から知られていましたが、その原因は不明なままでした。そこで、この腫瘍のゲノム分析がおこなわれたのです。すると、ほとんどの病気を起こしている貝の腫瘍細胞のゲノムは、その貝のゲノムと類似性がなく、同じ二枚貝種の別種の貝のゲノムと非常に類似していることがわかったのです。つまり、この腫瘍細胞は、異種の貝のあいだで伝搬したと推定されました。そして、最初に腫瘍が発生した貝は、この腫瘍に対して何らかの抵抗性を獲得したのですが、この腫瘍は別種の貝に転移して生存できるように変化したと考えられました。この腫瘍細胞の二枚貝での罹患率が高いことから、この腫瘍細胞は海の中で拡散して、貝の消化管などを経由して伝搬した可能性があります。また、この伝染性の腫瘍が限定されて海洋で多く認められることから、海洋の動物種と病原体としての癌細胞とのあいだでの軍拡競争が激しくおこなわれていることもわかります。

人においても、多くのがん細胞は原発組織から遊離して体内の別の組織に転移するのですが、そのメカニズムは未知の部分が多く、二枚貝の腫瘍が原発の貝から遊離して他の貝に伝染して腫瘍を起こすのと似ています。先に述べたように、ヒトでは、免疫的なバリアーによって、がんの他人への伝染は起きませんが、臓器移植などで免疫抑制をした場合などでは、まれにがん細胞の他人への伝染が観察されています。貝ではどのような免疫的なバリアーがあるかわかりませんが、種を越えた伝染性のがん細胞の存在は、がん細胞が、進化的には利己性を持つことが本性であることを示しているといえそうです。

人間が作りだした利己的細胞たち

個体から個体へと伝染し、永続的に増殖する特殊な3つのがん細胞の例を示しました。これらのがん細胞は、個体という宿主に依存して子孫を拡大する利己的細胞であって、宿主から離れると、自律的に増殖できません。そこで、最終的には、タスマニアデビルの例のように、宿主と共存共栄の形でのみ利己性を発揮します。このように、どんながん細胞も、体細胞と同じように、個体という細胞社会が作り出した好適な生体環境の中でのみ、恒常的な増殖の制御を受けています。つまり、生殖細胞だけでなく、がん細胞も体細胞も体内の細胞社会によって守られています。そこで、これらのがん細胞が個体から離脱すれば、自然環境では栄養を獲得できず、すぐに死んでしまいます。

では、永続的な増殖能を持つ細胞が個体を離れて利己性を発揮する方法はあるのでしょうか。先に、体細胞は、個体から取り出して培養すると、細胞寿命のゆえに死滅してしまうと述べました。しかし、人間の手で、細胞寿命を回避して永続的に増殖できる培養細胞が、たくさん作られています。培養細胞は、意図的に改変されただけでなく、本来あるべき場所から経験したことのない環境条件、つまり、体外で永遠に人為的に維持される可能性があるという点で、利己性を持った細胞ということができ、細胞の生命史の上から、新たな問題を提起することになります。

これから説明するHeLa細胞、ES細胞やiPS細胞は、それぞれ1つの自律した生命体としての細胞という形で、本来あるからだの細胞社会から離れて、それまで経験したことのない、「培養液」という人為的な環境の中で、永遠に生き続けるという宿命を負わされたのです。人類は自らの体細胞から、無限寿命をもつ新たな利己的細胞を作り出してしまったことになります。

HeLa細胞（一女性の死後60年以上も生き続けている細胞）は利己的か

無限寿命を持つ新たな利己的細胞という観点からは、人工的に作り出された多数の培養細胞株の議論をしておく必要があるでしょう。体細胞は分裂寿命を持つため、培養系に取り出しても永遠に増殖はできませんが、培養を続けるうちに、希に不死化して永続的に増殖できる細胞が出現してくることがあります。さらに、特殊ながん遺伝子などを導入することで不死化を促進することもでき、培養細胞株として研究に利用されています。

ヒトの細胞はとくに不死化が難しいことが知られていますが、最近ではヒト由来の細胞株も数多く樹立されるようになりました。世界で最初に樹立されたヒトの培養細胞株はHeLa細胞です。この細胞は、1951年に子宮頸がんのために亡くなったヘンリエッタ・ラックス（Henrietta Lacks）のがん細胞から樹立されたもので、細胞名は彼女の名前に由来しています。世界中で、これまで最も多く利用されているヒトの細胞株です。

当時は臨床現場でのインフォームドコンセントもなく、彼女自身はもとより、彼女の親族にも知らされないまま、摘出された組織から細胞株が樹立されてしまい、1975年には、ある科学誌が、この細胞がヘンリエッタ・ラックス由来のものであることを公表したために、研究者のあいだにその名前が流布されるようになりました。

その後、この細胞は増殖能の速さや培養しやすさのゆえに、世界中の研究者によって利用され、細胞培養法に革命をもたらしたのみならず、ポリオワクチンの開発、子宮頸がんの犯人のパピローマウイルスの発見、テロメラーゼの発見、化学療法、クローン作製、遺伝子マッピングなど、多くの研究の礎となったのです。現在までに、この細胞に関わる研究論文は実に7万5000件を越えていて、世界中で培養された細胞の量は数千万トンにも及ぶという推計もあります。こうしたＨｅＬａ細胞の科学的利用の実態は、残された親族（娘や孫たち）は知らされないままでした。

ＨｅＬａ細胞は、60年以上もの長いあいだ、世界中の研究施設で分裂を繰り返しているため、現在のＨｅＬａ細胞は提供者の染色体やゲノム構成はもとより、樹立されたばかりの細胞株ではみられなかったたくさんの染色体数の異常やゲノム変異を蓄積させてしまっています。２０１３年には、ドイツの研究者たちによって、ＨｅＬａ細胞の全ゲノムが解読されましたが、その結果から、ＨｅＬａ細胞は、染色体異常はもとより、染色体内のゲノムのコピー数の大きな変化や、遺伝子の配置の変更など、ゲノムの細部に大きな変化があることがはっきりしたのです。

この論文はヘンリエッタ・ラックスのご遺族の許諾を得ていないことが問題視され、掲載後まもなく非公開になっていましたが、その後、ＮＩＨ（米国健康保健省）の支援を受けている米国の研究チームも同様の論文を準備していたことから、ＮＩＨのフランシス・コリンズ（Francis Collins）長官が状況を打開すべく遺族のもとに赴き説明をおこなうことで、ゲノムデータの公開に遺族の同意が得られ、上記の論文と米国のグループの論文が公開されることになりました。

このように、ＨｅＬａ細胞は人工的な培養条件下で、ゲノムの変異を蓄積しつつ自律的に増え続ける特性を維持するという意味では、利己的細胞ということができます。また、ＨｅＬａ細胞が累積した分裂回数とその変容は、過去の細胞が進化的に経験してきた年代にも匹敵しているともいえます。

もちろん、ヘンリエッタ・ラックスが永遠に生き続けているということもできますが、もし、提供者本人が、この細胞の大きな科学的貢献や、永遠の生命を持続できることを知ったら、どのように思うのでしょうか。

ＥＳ細胞、ｉＰＳ細胞は利己的か

最近話題を集めているＥＳ細胞、ｉＰＳ細胞も培養細胞です。まず、ＥＳ細胞の由来について説明します。受精卵は発生がスタートすると卵割を繰り返してゆきますが、８細胞期ごろまではどの割球もおなじように個体を形成する能力を保持している完全な能力をもった細胞で、この細胞だけで個体を作り出すことができます。さらに分裂を繰り返して胞胚期になると、胚の外側は将来胎盤を形成する胚体外細胞となり、内部の細胞塊を取り囲むようになります。内部細胞塊の細胞は、それ自身で体のすべての細胞になる全能性を備えていますが。しかし、それだけを培養で増やしても、個体を作ることはできません。この内部細胞塊の細胞を取り出し、培養して永遠に増殖して維持できるようになったのがＥＳ細胞です。

ＥＳ細胞は、もとの胚の細胞の性質を残しており、将来体のすべての組織の細胞に分化できる全能性を持っています。ＥＳ細胞は何代か培養を続けたあとでも、もう一度マウスの初期胚の内部細胞塊に混ぜて移植すると、移植した細胞は最終的にマウスの個体のいろいろな組織を形成する細胞に分化できるのです。

ＥＳ細胞は、胚に移植するという操作によらなくても、培養系でいろいろな組織の細胞に再分化させることができます。さらに、このＥＳ細胞から分化誘導して作られた卵子と精子を持つマウス同士を交配すると、ＥＳ細胞のみに由来する細胞で、個体を構成するマウスを作ることができるようになりました。

ＥＳ細胞は最初はマウスで作成されましたが、１９９８年にはヒトでも作製され、マウスＥＳ細胞と同様に培養系で多様な組織の細胞へと分化誘導ができることが確認されました。このような研究から、ＥＳ細胞を用いたヒトの再生医療は現実味を帯びるようになり、培養系で必要な組織の細胞を望みの量だけ作り、これを移植することで障害のある組織の再生をすることができれば、ヒトの病気の根本的治療が可能になるという現実的な期待がかけられるようになってきました。

体細胞を全能性幹細胞に変換したｉＰＳ細胞

しかし、人への細胞移植を前提としてＥＳ細胞を利用しようとすると、体に移植しても、そのままでは免疫的な拒絶反応が起きてしまいます。そこで、いかにして、この拒絶反応を克服するかという難問があります。この障壁をなくすために、それぞれの個人の細胞核を移植してクローンES細胞を作ろうとすると、技術的困難が大きく立ちはだかります。また、ヒトの受精卵を操作することの倫理的問題も避けることができません。

そこでもしも、自分の組織の体細胞をES細胞と同等の全能性を持つ細胞に転換することができれば、再生医療にとって大変大きな前進になります。

山中伸弥は2006年に、組織の体細胞に遺伝子導入するだけでES細胞と同等の全能性を持つiPS細胞と命名した細胞を作りだすことに成功しました。この画期的な技術は、ノーベル賞を受賞する研究成果となりました。iPS細胞については有名であり、ここでは細部に立ち入りませんが、細胞の潜在的能力としては、ES細胞と同等の性質を備えているといって良いでしょう。

先に述べた細胞寿命とテロメアの関係からは、ヒトES細胞もiPS細胞も、樹立以来長年にわたりずっと培養され続けてきており、永続的な増殖能を付与されていますし、テロメアの維持機構も充分備えています。しかも、全能性という体のすべての組織を作る能力もそなえた細胞であり、利己的細胞と考えることができます。

iPS細胞の作製に必要な4つの遺伝子は利己的か

iPS細胞の作製では、4つの遺伝子を組織から取り出した体細胞に導入します。すると遺伝子導入された体細胞が増殖するうちに、ある頻度で、全能性を持ち、しかも不死化した細胞が生じて来ます。先に述べたように、この細胞は「利己的」細胞ということができます。ということは、導入した4つの遺伝子は、それ自体が「利己的」特性を持った遺伝子といってもいいことになります。

では、4つの遺伝子を細胞に導入されると、どんなメカニズムで体細胞を利己的細胞に変換するのでしょうか。4つの遺伝子は、いずれも転写因子、つまり遺伝子の発現を制御するタンパク質の遺伝子ですから、iPS細胞を作り出すメカニズムは転写制御にあるはずです。

そのメカニズムはまだはっきりしていませんが、4つの遺伝子が機能を発揮することによって、組織の中ではたらいていた体細胞の遺伝子調節メカニズムを一部消去して、自己複製能力を持つように細胞のプログラムを変換したはずです。

こうしたプログラムの変換を起こす能力を持つ4つの遺伝子は、遺伝子全体の発現を上位でコントロールできる能力を持っていると考えられます。つまり遺伝子には階層性があり、上位に位置する遺伝子ネットワークが細胞の増殖や分化機能を変換したり制御したりするのです。ということは、「利己的遺伝子」の実態は、この遺伝子制御ネットワークということになりそうです。

そこで体細胞、あるいは胚の細胞の中ではたらいている多数の遺伝子のあいだの制御のネットワークを調べて、その階層的構造を理解すれば、細胞の機能や増殖能力の変化など、思いのままに変換することができる技術開発が可能になります。

実際、多くの研究者がこのような意図で、胚の細胞と血液、神経、肝臓などの分化した細胞とで異なる発現をしている遺伝子すべてを網羅して、その中から階層性の上位に位置する遺伝子を探そうとしていました。iPS細胞を作製した山中もその一人で、この上位に位置すると想定した20種類以上の遺伝子の中から、４つの遺伝子に絞り込むことに成功したのです。

このような結果から想定されるのは、この上位に位置する遺伝子群を特定すると、利己的遺伝子の実態を明らかにできるだけでなく、体細胞を胚の細胞のように、利己的細胞へと変換できるはずです。

そして、利己的遺伝子を操ることによって細胞の大きな潜在能力を転換できる可能性があります。細胞を不死化するためだけなら、ある種のがん遺伝子を細胞に導入することで可能です。実際、私は動物ウイルスのがん遺伝子（ＳＶ４０のＴ－抗原）を導入することで、体細胞の多くを不死化することに成功しています。ただ、不死化しただけでは利己的細胞といってよいか疑問があります。ｉＰＳ細胞のように、全能性を持ち、しかも不死化している細胞は、将来的に体のあらゆる細胞に分化する能力を持ち、最近では、生殖細胞をも作り出すことが可能なので、利己的の意味合いが大きく違います。

いずれにしても、利己的遺伝子の本体は、必ずしもｉＰＳ細胞を作り出す４つの遺伝子セットだけではなく、多様なセットがありうると思われます。再生医療などを目指す研究は、こうした利己的遺伝子の本体とそのメカニズムをよく理解することが大切でしょう。

ＳＴＡＰ細胞の研究で話題となったＯｃｔ４遺伝子は、ｉＰＳ細胞を作る時の４つの遺伝子セットの１つです。ｉＰＳ細胞の作製において、選択する組織細胞と培養条件などを工夫すれば、Ｏｃｔ４単独でもｉＰＳ細胞を作り出すことができるという報告もあります。こうしたことから、利己的遺伝子と導入される細胞側の備えが一致すれば、利己的遺伝子の数は限定されることになります。ここでも、利己的遺伝子と細胞、つまり乗り物との関係は、お互いの利益相反を克服する形ではたらいていることがわかります。

全能性と利己性の二律背反

ＥＳ細胞やｉＰＳ細胞を何回も継代して培養しているあいだも安定して全能性を維持することは、実際にはかなり困難なことです。なぜならば、生体から取り出された細胞は、生体とは異なる人為的な培養条件で新たなストレスを受けながら増殖を繰り返しているあいだに、最初の細胞の性質とずいぶん違ってしまうことが多々あるからです。培養条件という新たな環境にさらされると、そこでの生存に有利な遺伝子変化を獲得した細胞が培養している細胞集団の中で比率を増し、結果として選択が起きてしまいます。つまり、人工的な培養系では、人為的な選択圧を受けて本来の細胞の特性が変更されて、人工的な環境で増殖しやすいがん細胞に、つまり利己的な細胞に、変身してしまうと考えられます。

たとえば、突然変異の起きる頻度がＤＮＡの1億塩基当たり1個としても、数回の継代培養のあいだに細胞の集団の中に変異が生ずるのは容易なことですし、とくに染色体異常を起こすことで、新たな利己的細胞が生み出されます。実際、世界中で継代されているＥＳ細胞株の中には、17系統のＥＳ細胞株のうち8系統に染色体異常が見つかり、この8系統のうちの5系統において、さまざまながん細胞で観察されている20番染色体のｑ11．21の重複変異が起きていて、それが培養中に発生したことが確認されています。

ＥＳ細胞はそのまま培養すれば常にがん細胞に変身しがちなので、研究者は利己的細胞ではなくて、全能性を保持した細胞をきちんと検定して選別しつつ研究をしているのです。遺伝子導入によって全能性や不死性を付与されたｉＰＳ細胞も、ＥＳ細胞と同じようにがん化の危険性を秘めており、正常で全能性を持つ幹細胞の安定的な維持をすることが必要です。

人への再生医療では、これら全能性細胞を分化誘導して作りだした組織細胞を移植しますが、移植して、その細胞集団の中にがん細胞が混入していたり、移植後にがん化することがあれば、元も子もなくなります。そこで、研究者たちはがん化をどうして防ぐかに留意をして研究を進めています。また、ＥＳ細胞では、他者への移植を容易にするために、個々人の免疫的バリアーを排除できる細胞の作製を進めていますし、特定の個人の組織から作ることができるｉＰＳ細胞でも、細胞の品質管理やコストの上から、たくさんの人々の免疫的バリアーを乗り越えられる細胞を準備しようとしています。

つまり、全能性の細胞の利己性を抑えなければ、再生医療は成り立たないのです。

第6章　人間が「利己的遺伝子」を操る時代

ＥＳ細胞やｉＰＳ細胞を操作して再生医療に役立てようという方向性は、これら細胞を利己的細胞と考えれば、人間が「利己的細胞」を操り、人間をはじめとする生物個体という乗り物を改善してゆくものだと考えられます。現代の遺伝子操作技術は、利己的遺伝子と利己的細胞の特性を最大限利用して、各種生物の改良や人間の健康の改善などを目指そうとしています。こうした試みの一端を紹介しましょう

「ゲノム編集」という新たな武器

１９７０年代には、遺伝子組み換え技術が開発されましたが、これは、人類が「利己的遺伝子」をうまく利用して開発した技術といえます。遺伝子組み換え技術は、異種の遺伝子同士をつないで、異種の生物種に導入する技術です。この技術は、ＤＮＡ断片の末端の塩基配列を認識して切断する制限

酵素（先に述べた細菌の防御兵器の1つの武器）と、異種の細胞に遺伝子を導入するためのベクター（利己的遺伝子であるプラスミドやファージ）が道具として利用され、異種の宿主に遺伝子を導入する（遺伝子の水平伝搬を人為的に起こす）技術を組み合わせたものです。

当初、遺伝子組み換え技術は、一般の人々から、異種遺伝子の導入により、受け手の生物種の遺伝子の大きな変化をもたらし、モンスター生物種ができるかもしれない危険な技術であると危惧されました。しかし、この技術を開発した米国のポール・バーグ（Paul Berg）らが、米国アシロマーの会議で遺伝子組み換え技術を実施する実験室レベルでの安全管理について厳しい自主規制を設けるように提案し、この安全基準を守って研究者たちが技術開発を進めた結果、インスリン、インターフェロンなどの生理活性物質の大量生産など新しい医薬品の開発が実現し、人々に恩恵をもたらす技術であることが理解されるようになりました。実際、導入された異種遺伝子が受け手の生物種の表現型を大きく変えることは起きませんでした。そして、異種生物間の遺伝子導入法の開発が進み、家畜や作物の品種改良にも発展しました。

動物種への遺伝子導入では、ミルクに生理活性物質を生産させたり、GM（genetically modified：日本では「遺伝子組み換え」と訳されていますが、元の意味は「遺伝子修飾」です）サケのように成長速度を速め、大型のサケを生産することも可能になっています。また、ダイズ、トウモロコシ、綿などの作物種では、特定の遺伝子を導入し、ウイルスなど病原体に抵抗性を持たせたり、特定の農薬に抵抗性を持つ作物種などを作りだし、農薬なしで高収量をもたらすGM作物種の栽培も盛んになっています。

最近の遺伝子工学技術は、ＣＲＩＳＰＲ／Ｃａｓシステムを用いた画期的な「ゲノム編集」技術の開発によって、さらに飛躍的な進歩をもたらそうとしています。この技術を使えば、組み換え作物はもちろん、人の変異遺伝子をそっくり置き換えることもできるので、世界的に、それに対する期待と倫理的課題も議論されるようになりました。

ＣＲＩＳＰＲ／Ｃａｓシステムとは、すでに述べたように、古細菌などが持つ獲得免疫機構です。ファージなどを介して侵入する外来性のＤＮＡを断片化して自らのゲノムに組み込み、２度目の感染のときに、この外来性のＤＮＡの断片から発現する２つの小分子ＲＮＡを用いて標的ＤＮＡを認識し、Ｃａｓ９ヌクアーゼをリクルートしてこれを切断するという方法で、ファージゲノムを破壊して自己をまもることができるのです。

ＣＲＩＳＰＲ／Ｃａｓシステムのはたらくメカニズムを細かく検討すると、ＤＮＡの切断の認識にはたらく2つの小分子ＲＮＡを1分子としてつなげたキメラＲＮＡ（guide RNA：ｇＲＮＡ、あるいは、single guide RNA：ｓｇＲＮＡと呼ばれる）を合成すると、Ｃａｓ９という酵素との２つの因子だけでゲノムＤＮＡの切断活性を発揮できることがわかりました。そこで、研究者たちは、ＣＲＩＳＰＲ／Ｃａｓシステムをうまく使えば、標的配列に対応するｇＲＮＡの5′末端の20塩基を変更するだけで、標的遺伝子を変えることができることに気がついたのです。つまり、これまでの遺伝子導入法やターゲッティング法と比べると格段に手軽で、低コスト、高い切断効率と再現性を持つ遺伝子改変動物作成のための技術（「ゲノム編集」と呼ばれる）となったのです。

ＣＲＩＳＰＲ／Ｃａｓ９システムという強力なゲノム編集技術の登場は、これまでの遺伝子工学に前代未聞の容易さと正確さをもたらしました。たとえば、ヒトの胚発生の研究では、実験室での胚DNA操作にCRISPR／Cas9システムを使うことで、胚発生の最初期の情報を得られると考えられます。ゲノム編集技術を用いたヒト胚研究も始まっており、中国の研究チームが2015年4月に、CRISPRを使ってヒト受精卵（ただし出生に至ることのできない異常な受精卵）のゲノムを改変したと発表しています。また、英国では不妊症や流産に関係していると思われる胚発生異常を研究するためにゲノム編集技術を使いたいとする申請もでています。ゲノム編集技術を改良して使えば、ヒトの遺伝疾患の原因となっている変異を「修復」することが可能となり、胚の段階でこの種の修復を行えば、子孫に遺伝疾患が受け継がれないようにできる可能性があります。このように、CRISPR／Cas9システムを使うことで、いずれ、遺伝疾患を根本から予防できるのではないかという期待が高まっています。

ゲノム編集技術は、従来の遺伝子組み換え技術に、CRISPR／Cas9システムという宿主の防御システムを付加することで、生物種を超えて、人類が望む遺伝子編集が可能となったのです。つまり、人類は、利己的遺伝子を自由に操ることにより、新しい進歩の局面を作り出したといえます。

マラリアを撲滅する計画

ビル・ゲイツのブログによれば、「人を殺す動物」のトップは蚊だといいます。世界保健機構によれば、蚊の媒介する感染症で毎年生命を奪われる人は72万人で、2位の人間に殺される47万人を大きく上回っています。そこで、世界中から蚊を抹殺しようという計画には、ほとんどの人が賛成するでしょう。

熱帯地方を中心に発症するマラリアには毎年世界で約2億人が感染し、数十万人が死亡しています。2000年以降、マラリアの患者は世界で4割以上減少しているとはいえ、アフリカなどの衛生設備の整っていない途上国の人々にとって脅威であることに間違いありません。

マラリアの病原体はマラリア原虫という寄生虫で、この寄生虫に感染した人の血液を吸ったハマダラカが別の人の血を吸うときに感染が広がります。そこで、マラリアの感染を抑えるには、媒介者であるハマダラカと接触しなければよいので、日本の蚊帳をアフリカに送り、媒介を阻止しようという運動もあります。しかし、マラリアを根絶するために最も早い手段は、媒介する蚊の集団を遺伝学的に操作、あるいは根絶することであり、効果と生物種特異性という点で他に勝ると考えられるため、既存の抑制手段に代わる方法として以前から関心を集めてきています。

マラリアの撲滅を目指して、媒介する蚊の集団を遺伝学的に操作、あるいは根絶するという方向で3つの研究成果があります。

蚊をマラリア抵抗性に変える

自然の力は、自然選択の名のもとに、これまで膨大な数の生物種を絶滅させましたが、人為的に生物種を絶滅させることは理論的にも、現実的にも可能でしょうか。たとえば、マラリアを絶滅させようという目的のために、マラリアに抵抗性を持つ抗体が開発され、この遺伝子を持つような蚊を創り出すことにも成功しました。しかし、このようなマラリア抵抗性の蚊それ自身はもちろんマラリアを媒介しませんが、野生の蚊のすべての集団の中に、このような抵抗性遺伝子を拡げなければ、実際には役に立ちません。

そこで、いかにマラリア抵抗性の蚊を野生種のすべての集団に広げるかという新たな戦略が必要となります。このような遺伝子の集団での拡散方法は、「遺伝子ドライブ」と呼ばれるもので、最近になって現実化してきました。以前からこうした手法は概念的には考えられていましたが、具体的な手段としては、英国のオースチン・バート（Austin Burt）によって、利己的遺伝子としての「ホーミング・エンドヌクレアーゼ」を使う方法が提案されました。

「ホーミング・エンドヌクレアーゼ遺伝子」とは、ある種の細菌のある利己的遺伝子で、Ⅱ型イントロン等の仲間だと考えられていますが、その特性は「超利己的な遺伝子」といってよいものです。それは、この遺伝子は、ゲノムＤＮＡの特定の場所に入り込むと、まだその特定の場所に自分と同じ遺伝子が入っていないゲノムと出会ったとき、その場所でゲノムＤＮＡを切断し、修復のしくみを利用して、自己の遺伝子をコピーさせて、その切断を修復させる能力を持っています。つまり、相同的なゲノムがあれば、必ずそのゲノムに「自分」を乗り移らせることができるので、その伝搬能力は他の「利己的遺伝子」を超えたものです。

この「遺伝子ドライブ」の方法では、真核生物の相同する染色体の片側の染色体に変異遺伝子を挿入すると、もう1つの染色体の相同の場所に同じ変異遺伝子が追加挿入されることになり、結果として相同する染色体は2つとも同じ遺伝子を持つホモ接合型になります。そこで、この遺伝子ドライブ導入個体と野生型個体の交配では、導入変異をホモ接合型に持つ子孫が生じます。そして、さらに野生型と交配すると、同じ形式で、その子孫はホモ接合型となります。つまり、交配を繰り返すことで、変異型個体の染色体を持つ個体が野生集団内に効果的に拡散してゆきます。

一般的なメンデル型の遺伝では、蚊のゲノム中に新しくマラリア抵抗性遺伝子を挿入したとしても、相同染色体の片側だけがこの遺伝子を持つことになるので、この遺伝子が子孫に伝わるのは50％であり、しかも何らかの選択的優位性がなければ、多数の集団に拡大することは不可能です。しかし、遺伝子ドライブ方式では、新たに導入した遺伝子は次世代に100％の伝達が確実になり、遺伝子は野生の集団の中に早急に拡大して、最終的にはすべての集団が導入遺伝子を持つ個体となるという驚異的な伝搬形式をとります。このような遺伝形式は「超メンデル型遺伝」と称されます。

バートらは、まず実験室レベルで、ホーミング・エンドヌクレアーゼ遺伝子を持つ蚊を作製し、導入した利己的遺伝子自身の子孫への伝達を大幅に増加させることができるかどうかを実証する実験をおこないました。すると、実際の伝播動態の結果は数理モデルと同じ結果となり、利己的遺伝子を使って、個体の遺伝子操作を集団の遺伝子操作へと進展させる方法が確立できたのです。「ホーミング・エンドヌクレアーゼ遺伝子」の能力はまさに「遺伝子ドライブ」という目的に適合するものだったのです。なお、「遺伝子ドライブ」にCRISPR／Cas9システムが利用できることがわかり、最近はホーミング・エンドヌクレアーゼ遺伝子からCRISPR／Cas9システムに転換して目的を達成しようとしています。

蚊を野生集団に拡大するための基礎的実験でも、ハマダラカの遺伝子にマラリア原虫への抗体を作る働きを持ったDNAを挿入し、遺伝子操作されたハマダラカの子孫の99・5％にこの形質が遺伝することがわかり、遺伝子操作されたハマダラカが繁殖すればするほど、人へのマラリアの感染が減ることが期待されます。

蚊を抹殺する計画

もう1つの遺伝子ドライブを用いた方法は、メスの蚊の不妊性の原因となる遺伝子を使って、蚊を撲滅するというものです。これが成功すれば、マラリアだけでなく、他の重篤な感染症蚊（たとえばデング熱と西ナイルウイルス）の蔓延を防ぐ一般的な戦略となります。

こうした戦略のために、病気を媒介するいくつかの蚊の全ゲノム解析が進められ、解読した結果から効果的な遺伝子の選別も可能になってきています。メスの蚊の生殖細胞系で発現している3つの遺伝子をターゲットとして、CRISPR／Cas9システムによりゲノム編集をおこなった蚊の野生への遺伝子ドライブをおこなうと伝搬率は100パーセント近くであり、3つの遺伝子のうちの1つが特に効果的に雌を不妊にすることができ、この遺伝子を用いて集団を急速に全滅させることができたという報告があります。

2015年後半に、研究者は、CRISPR遺伝子ドライブを使って、雌の蚊の不妊性突然変異がすべての子孫に伝わり、根絶できる方法を開発しました。研究室の中での実験は、この突然変異が何代かの世代に渡って、予想通りに頻度が増加することを示しました、
遺伝子ドライブの野外研究は、より自然な状況下で昆虫を根絶する方法を作りだすために、中部イタリアの小都市で、150立方メートルの蚊が育つ蒸し暑い生息地を再現させて最終的な段階に入っています。しかし、この野生実験では、科学者の予想と異なり、蚊の人為的なゲノムの修正に対して、抵抗性が生じることがほぼ間違いない事実としてわかってきたのです。
この抵抗の原因は、遺伝子ドライブを可能にしたCRISPRシステムそのものにあり、若干の蚊が、変更されたゲノムを受け継ぐのを防ぐことがわかったのです。それは、CRISPRシステムが切断する特定のDNA配列に変異が入ることによって、ドライブ自体が成り立たなくなるのです。野生での拡大の間に、このような変異体が増えて来ていることが確認されたようです。また、自然の遺伝的変異の出現も抵抗の原因となりますが、こうした極端な遺伝的多様性も発見されていて、遺伝子ドライブの目標に到達するのを難しくしているといいます。このように、理論的には妥当性のある遺伝子ドライブシステムも、自然環境の中では、想定外の変異の出現が起きるので、さらなる改良が必要となっています。

蚊の共生細菌ボルバキアの利己的戦略を利用する

3番目の方法は、自然の利己的遺伝子を用いるものです。南太平洋のタヒチ島は画家のゴーギャン

が移住したことでも知られる地上の楽園として憧れの地となっていますが、ここで蚊を一掃しようという計画が進行しています。ここでの取り組みは、蚊の共生細菌ボルバキアという細菌の特定の系統を、蚊に感染させる方法を使って、蚊を減らそうというものです。すでに説明したように、ボルバキアは昆虫の卵母細胞に感染すると、殺すことなく、自分以外の細菌が感染した個体との交配を邪魔するような手立てを講じます。つまり、昆虫をこの細菌の依存症にするという戦略をとって自分だけが細菌として生存できるようにするという利己的戦略をとる細菌です。

全世界の約65％の昆虫がボルバキアを保有していますが、その系統はさまざまです。系統の異なるボルバキアを保有する蚊同士が交配すると、生まれた卵は適切に発生できず、ボルバキアによる「細胞質不和合性」という生殖操作により孵化に至りません。こうした「不毛」な配偶の数が十分に多ければ、地域の蚊の個体群は消滅してしまうことになります。

この手法を用いるために、雌の幼虫が雄より大きいことを利用して、まず、蚊の雌と雄を選別します。つぎに、全て特定系統のボルバキアを幼虫に感染させ、標的とする地域に雄のみを放し、野生の雌の蚊と交尾させると、孵化できず子孫ができません。このボルバキア法により、すでにある島では蚊の一掃に成功をおさめ始めていて、ブラジルや米国でも同様の試験が行われており、今後5年間で大規模に利用されるようになり、10年以内に熱帯諸国で蚊を一掃できるという予測を立てている科学者もいます。

ボルバキア法は自然に存在する細菌を利用するため、遺伝子操作した蚊を使う実験的手法に比べると批判の声は強くないという利点がありますが、ゲノム技術を使う手法の方が、ボルバキア法よりも即効性が高く費用も安く済む可能性があり、最終的な手段になりそうだという予測もあるようです。

人間は、「利己的遺伝子」は作れるが、「乗り物」は作れない

現代の分子生物学の技術では、化学的合成によってヌクレオチドからDNA配列を合成することができます。そこで、実際、ポリオウイルスなどウイルスゲノムの化学的全合成も報告されていて、基本的には、どんな遺伝子でも人間の思うままにデザインして合成でき、時間と労力と費用をかければ、ヒトゲノムの化学的全合成も可能な時代になりました。

しかしながら、人間は、まだ「乗り物」としての「細胞」は、細菌といえども化学的に合成することはできません。そこで、これまで述べてきた利己的遺伝子を操るという技術は、基本的には遺伝子を操作するという技術に限定され、「乗り物」である細胞や個体に遺伝子を移植して、その力を借りるという手段を用いなくてはなりません。

そこで、技術的には、移植した遺伝子が細胞や個体という「乗り物」の中で期待通りの表現を示すかどうかを詳細にチェックして、デザイン通りの「乗り物」を選別することになり、「遺伝子操作技術」は、まだ技術的に完成したとはいえません。再生医療でも、「利己的細胞」としてのES細胞やiPS細胞の振る舞いを十分操作できていないのが現状です。そのために、再生医療や遺伝子組み換え技術などが一般の市民に受け入れられず、また、倫理的な抑制を受けることにもなります。

理論物理学者のファインマン（Richard Phillips Feynman）は、「自分で作り出せないものは理解できたとはいえない」と述べていますが、デザインした「利己的遺伝子」を作ることはできても、「乗り物」としての細胞を作ることができないので、「乗り物」の本体は理解できたとはいえないということになります。神のように、望み通りの「生き物」を作る技術はまだできていないのです。

そこで、最初の細胞である始原細胞はどのように創られたかを考えてみましょう。

第7章　始原細胞はどのようにして創られたか

始原細胞は設計図なしに創られた

まず、最初の新しいものを作ることを考えてみましょう。ここでは自動車を例にとります。自動車という機械を作るためには、設計図があり、それに沿って部品を組み立てていきます。現代の自動車はおよそ2万点の部品から構成されていて、いくつかの工程を経て作られます。

最初に自動車が作られたときにはもっと部品も少なくて、今より単純な「機械」でした。その後、燃料はガソリン、電気、水素と変化し、操作制御もコンピューター制御を取り入れてエネルギー効率を高めたり、操作の安全性や簡便さの向上も図られてきました。「走る」ことを目的とした機械は、性能、操作性の飛躍的な改良や新たな発明によって、「進化」を遂げてきました。

そこで、最初の自動車の基本的なデザイン、設計図はどんどん進化して、自動車はその使用目的に対応して、乗用車、スポーツカー、トラック、ジープから戦車に至るまで、多様な車「種」の設計図が出来上がっています。それは生物の系統樹に似ています。

現代の細胞の部品を遺伝子とすれば、細菌で４０００個と推定され、自動車の部品よりも少ないし、細胞を部品で組み立てようとすると、自動車より少ない工程で作ることができるはずです。しかし細胞は、自らの装置内の細胞分裂という自己を複製する仕掛けを持っている「自己増殖機械」ですが、部品をまぜただけでは「自己増殖機械」にはなりません。また、設計図は「遺伝子」であり、設計図自身を作ることが設計図に書かれているのですから、「細胞」を作ることは設計図を作ることでもあり、「設計図のない」難事業だといえます。

始原細胞は「遺伝子」と「乗り物」だけで自立増殖を始めた

生命の起源の源である始原細胞は、正確には「全生物の共通の祖先型生命体」（Last Universal Common Ancestor ＝ＬＵＣＡ）と呼ばれます。それは、現代の細菌よりももっと単純な「細胞」であったと想定されます。始原細胞はおよそ38億年前に誕生したとされています。それがどのような姿だったかは誰も知りません。だからはじめは、現在の細胞の姿から始原細胞を想定してみるという研究しかできなかったのです。しかし最近では、試験管の中で、こうした始原細胞のモデルとなる「細胞」を作り出す研究をしている研究者もたくさんいます。

まず、始原的な地球の「暖かい海」では、遺伝子やタンパク質や細胞膜の原料となるアミノ酸、核酸、脂質などの合成が進み、すでに、十分豊富な材料は準備されていたと考えられます。これは、ミラー（Stanley L. Miller）の実験などによって、放電や熱など当時の地球環境で、アンモニアなどの簡単な化合物からアミノ酸、核酸を合成できるという裏付けの証拠が提示されています。つまり、生命の誕生のために必要な部品を作るための原材料が出来上がったことになります。

細胞のもっとも原始的で単純な基本骨格を考えると、遺伝子とそれを容れる容器（あるいは乗り物）という形の細胞が想定できます。現在の細胞は、この容器の中にたくさんのタンパク質が詰まっていて、細胞の増殖と代謝活動のためにはたらいているのですが、始原細胞はその目標がただ自律的に増えるということを満足させればよいと考えれば、タンパク質は必要なく、遺伝子と容器だけでよかったはずです。では、遺伝子はどのようにして創られたのでしょうか。

始原的「乗り物」は、それ自体で成長と分裂をくりかえす

全ての生き物の最小単位は細胞であり、細胞は外界と膜で区画されています。遺伝物質は細胞膜の中に封じ込められていて、環境の変化があっても代謝を通じて細胞の中が一定の条件を保てるように内部環境を作り出すことが、細胞膜の本質的な機能といえます。現代の生き物の細胞膜は、リン脂質、コレステロールなど、脂質という両親媒性分子（水と油の両方になじむ分子）の複雑な混合物で作られていて、広範囲の温度、pH、および塩濃度などの変化が起きても細胞が安定に維持できるようになっています。また、膜の中には多様なタンパク質が埋め込まれていて、栄養素の取り込み、イオン

の透過、ポンプおよび細孔タンパク質による廃棄物の輸出を完全に制御することができます。そして、細胞膜の成長および分裂によって、遺伝物質などを均等分配して細胞分裂を遂行できるようになっています。

しかし、生命の起源となる始原的な細胞は、もっと構造的に単純な膜機能を持っていたと想像できます。では、現代の細胞の多様な要件の基本となるような始原的細胞は、どのようなものだったのでしょうか。

始原細胞の膜のモデルとして長く研究されてきたのは、脂肪酸によって形成される小胞と呼ばれる膜構造です。原始細胞膜の性質の基礎として脂肪酸を考慮する最善の理由は、膜中の脂肪酸分子が膜の成長および透過性の両方に必須の動的特性を有する点にあります。脂肪酸は膜内にしっかり固定されていないので、数秒から数分の時間スケールで膜に入ったり、膜を離れたりすることができ、新しい分子は、主に外側の層から膜に入り、膜内で反転を繰り返しながら内側と外側の層の間で平衡になり、小胞の均一な成長をもたらすことができます。

そして、興味深いことに、長い糸状小胞から大きな多重層の小胞へと成長し、さらに小胞が成長すると分裂を起こすことが観察されました。長い糸状小胞は非常に脆弱であり、穏やかなせん断力に応答して自発的に複数の娘小胞に分裂します。穏やかなせん断の環境下では、糸状小胞のみが分裂することができるため、成長および分裂は連続したプロセスになるのです。つまり、この膜小胞というモデル細胞は、溶液中の脂肪酸をとりこみ、脂質膜が自律的に大きくなってゆくと分裂して、２つの細胞に増殖することを繰り返すことができるのです。

しかも、最初の親の小胞にＲＮＡなどの遺伝的ポリマー（重合体）を含ませておくと、これらの分子は分裂した娘小胞にランダムに分布するので、遺伝物質が娘細胞に伝達したことになります。また、条件を整えれば、この小胞の中で、ＲＮＡは自律的な重合反応を起こすことも確認されています。つまり、このような小胞膜の連続的な成長と分裂は単純で安定したものであり、しかも遺伝子物質の複製と分配を可能にしているので、このようなプロセスが、始原細胞が誕生する地球上の条件下で起こった可能性が高いと想定できます。

始原的な遺伝子はＲＮＡだった

現代の細胞の遺伝子はＤＮＡですが、始原細胞の遺伝子は、ＤＮＡが先かＲＮＡが先かの論争が続きました。しかし現在は、ＲＮＡが先にできた遺伝子だったという考えが定説になっています。それは、チェック（Tom Check）のリボザイムという自己触媒的なＲＮＡスプライシングの発見が契機になっています。ＲＮＡ分子の切り貼りは、ＲＮＡ分子そのものが持つ自己触媒作用で十分であり、触媒作用を持つ酵素タンパクの助けを借りなくてもできるという発見です。つまり、始原的な遺伝子は、ＲＮＡ様の分子であり、そのもとになる核酸塩基から自己触媒作用により、自律的に重合して長い鎖のＲＮＡ分子を形成できたと想定しているのです。

この自己触媒型のＲＮＡ分子が遺伝子として振る舞うためは、生物学的情報を維持し、進化させる能力を持った自己複製する化学反応をおこなう必要があります。いわゆるＲＮＡワールド仮説では、始原的な生命体の中では、ＲＮＡが遺伝情報の伝達と代謝の役割を演じていたと想定されていて、ＲＮＡは自己触媒のもとに複製し、また突然変異を入れながら、より効率的な自己複製をするように進化してきたとされています。そして、この自己複製と維持能を持つようになってはじめて、ＲＮＡ分子はまさに「利己的遺伝子」として振る舞い、始原細胞を生み出す準備ができたといえます。しかし、そんなことは化学反応だけの世界で可能でしょうか。

ＲＮＡの自己複製能力は、分子間の協調によって拡大した

最近、こうした可能性を裏付けるような実験的証拠も出てきています。すなわち、自己集合能と自己複製能を合わせ持つようなリボザイムＲＮＡ断片を混合すると、協同的な触媒回路とネットワークを自発的に形成するという、生命体に似た挙動を発達させていることが、実験的に証明されました。

これは、アゾアーカスという細菌のリボザイム分子同士が集合するという特性を持っていることがわかったことから想定されていました。このリボザイム分子を原型として、始原的な複製ＲＮＡ分子を合成して、複製サイクルの実験をしてみると、ハイパーサイクルという現象が起きたのです。

まず、始原的な複製ＲＮＡ分子は、自分自身を基質として自触媒作用を起こし、複製された分子同士が集合します。この複製現象は、まだ正確度を欠いているので、不完全な複製をして、もとの分子

に変異が入ったＲＮＡ分子を生じさせます。すると、始原的な複製ＲＮＡ分子は、新たに生じた不完全な複製ＲＮＡも基質として複製反応を触媒するようになりました。

このような反応が繰り返されると、いくつもの新たに生じた変異ＲＮＡ分子が蓄積して集合した集団は、多様な塩基配列を持ったＲＮＡ集団となります。こうした集合の中でも、始原的な複製ＲＮＡ分子の自己複製だけのサイクルでは相変わらず同一分子の複製が進行しているのですが、多様性を持つＲＮＡ分子の集合体での複製サイクルでは、不正確な複製が繰り返されて、ますます多様性を増大します。そして、全体的には自己触媒作用という形式を維持しつつも変異体がどんどん増えて、その集団の中に、より進化した複製能力を持つような新しい変異体が蓄積してくることになります。

つまり、始原的な遺伝子の創生時には、遺伝子情報の複雑性を増加させるために、利己的遺伝子の自己増殖よりも、遺伝子の分子間の協力関係の方が大きかったという可能性が示されたのです。

そこで、たとえば、始原的な細胞という容器の中に、いくつかのＲＮＡ分子が入り込んだ状態を想像してみましょう。現代の遺伝子に近づくためには、自己複製する単一のＲＮＡ群が、自身の情報を維持でき、なおかつ、進化能力が限定されている他のＲＮＡ分子と競争して勝てるようになりながら、一方で、変異速度を十分に低く抑えることによって、自己複製子としての安定化を図るという、やっかいな難問を解決する必要があったと考えられます。

そのためには、ただ単独のＲＮＡ分子が自己の改善を図るだけではだめで、相互作用できるいくつかの分子の集団が、ネットワークを作りだして進化を進めることが要求されるのです。この結論は、理論的解析からも支持されています。

つまり、利己的遺伝子は、利己的な振る舞い（自己複製能）をするだけでは進化できず、創生時から、お互いの遺伝子間の協力関係を必要とする特性を持っていたことになります。

RNAが触媒するタンパク質合成

こうしてリボザイムを起源として自己複製能を持つRNAは、徐々に多様な情報を持つRNA断片として複雑になってゆき、お互いが連結して大きな分子となってゆきます。

それとともに、RNAはタンパク質合成能を進化させます。現代の細胞のリボソームとタンパク質合成のしくみは複雑ですが、メッセンジャーRNAからタンパク質へと翻訳するというしくみは、始原的なRNA分子から進化してきたと予想されています。そのシナリオでは、はじめから機能的なタンパク質が合成できたわけではなく、RNAと結合したランダムな配列の単純なペプチドが作られるようになり、RNAの構造的、機能的な能力を増やしながら、リボソームの翻訳機能が拡大してきたと考えられます。

また、RNAの重複の過程をへて、現代のアンチコドンを持ったトランスファーRNAへと進化し、RNAの情報とアミノ酸の連結が可能になったと予測されています。そして、ある程度たくさんのRNA分子がつながると、たくさんの情報を集めたミニRNAゲノムが出来上がります。また、翻訳装置ができたことで、RNAゲノムとタンパク質を持つ始原的な細胞が出来上がったと想定されます。

この始原的な状態では、RNAとタンパク質は複合体を作って、RNA分子を切りつなぐ反応（スプライシング）や再編成を進め、ＲＮＡゲノムの進化を進めます。

このように、ＲＮＡ分子は、遺伝子情報の担い手として、自己複製もでき、分断や再結合もでき、さらに遺伝子情報からタンパク質合成への経路も触媒できるので、始原的細胞ではＲＮＡが遺伝子情報分子であった、そして、この遺伝子情報システムのタンパク質の酵素的機能が進化するにつれて、ＲＮＡ分子がおこなっていた諸機能をより精度が高く効率のよいタンパク質が担うようになり、精度と速度を上げながら細胞の進化が進んできたと想定することが妥当だといえます。

逆転写酵素の出現

この過程で、ＲＮＡを鋳型とするＲＮＡポリメラーゼや逆転写酵素ができてきます。この逆転写酵素の出現は、それまでのＲＮＡゲノムを主体とする始原的細胞の進化に大きな変化をもたらしました。

現代の細胞の中の遺伝子の持つ情報の流れは、ＤＮＡ→ＲＮＡ→タンパク質という方向に流れています。ＤＮＡの二重らせん構造を発見したクリック（Francis Crick）は、これを「セントラルドグマ」と呼び、ＤＮＡからＲＮＡを合成する過程を転写と呼び、この流れが逆行することはないとの考えを発表して、大方の理解を得ていました。しかし、このドグマは、逆転写酵素の発見で覆されたのです。

ラウス（Peyton Rous）はニワトリの白血病がどのように伝播するかを調べ、ラウス肉腫ウイルスを単離し、ウイルスががんを起こす本体であることを同定したことでノーベル賞を受賞しています。このラウス肉腫ウイルスはゲノムとしてＲＮＡを持っているウイルスでした。その後、このラウス肉腫ウイルスがどのようにして増殖するかを調べていたテミン（Howard Temin）は、ＲＮＡ型ウイルスが細胞に感染すると、あらたにウイルスＲＮＡからＤＮＡができるのではないか？だとすれば、ＲＮＡを鋳型としてＤＮＡを合成する酵素があるのではないか？　という状況証拠を提起しました。この状況証拠は現在の分子生物学のレベルの証明では薄弱のように見えましたが、その後、ボルチモア（David Baltimore）らが、この腫瘍ウイルスの粒子に含まれている酵素を精製し、これがＲＮＡを鋳型としてＤＮＡを合成する能力があることを証明したのです。

この酵素は、通常のＤＮＡからＲＮＡへの転写の逆の流れであるということで、逆転写酵素（Reverse Transcriptase）と名付けられました。また、ニワトリのラウス肉腫ウイルス以外にも、げっ歯類などでたくさんのＲＮＡ腫瘍ウイルスが発見され、これらはレトロウイルスと呼ばれるようになりました。

レトロウイルスゲノムの基本的構造は、ゲノムの両末端に挿入に必要な繰り返し配列を持ち、内部には、ウイルスの構造タンパク質と逆転写酵素の遺伝子が含まれています。

ＲＮＡゲノムからＤＮＡゲノムへ

逆転写酵素は、その起源が現在のＲＮＡ型ウイルスのＲＮＡポリメラーゼと近いものだと推定され、逆転写酵素は、ＲＮＡをゲノムとしていたころの始原的細胞に起源があると推定されています。

さて、逆転写酵素の遺伝子の系統樹を、動物、植物から、原生動物や細菌までさかのぼって調べると、大きく2つに分岐することがわかりました。1つは、Ⅱ型イントロンと細菌のmsDNAと呼ばれる多重コピーの1本鎖DNAなど、主として細菌のゲノムに存在するものです。msDNAは細菌の逆転写酵素の産物であり、ゲノムに多重コピー配列を挿入したり、突然変異を起こして、少なからず細菌ゲノムを変容させた形跡があります。

もう1つは、レトロウイルスやLTRレトロトランスポゾンなど、現代の真核生物に多く存在するものです。逆転写酵素と同じ起源を持つⅡ型イントロンとレトロトランスポゾンは、いずれも遺伝子をコピーペーストする能力を持っていて、利己的遺伝子と呼べるものです。先に詳しく述べたように、これら利己的遺伝子は、真核生物の誕生や真核生物ゲノムの進化に大きな影響を及ぼします。

始原細胞の中で逆転写酵素が生まれたことで、RNAからDNAへの転写が起こり、DNAがゲノムとしてとって代わることになります。この過程では、既存のRNAゲノムと生成途中のDNAゲノムの共存が、あたかも「遺伝子重複」の効果を示して、遺伝子の進化をもたらした可能性があります。

遺伝子は、複製を通して子孫に伝搬するためには、分子としての安定性が必要です。RNA分子は自己触媒もでき、化学反応性も高いものの、不安定なことが問題です。始原的細胞ではRNAが遺伝子として機能していました。しかし、最終的には、化学的にわずかな違いしかなくて、より安定なDNA分子が、とって代わったのです。そして、RNA分子は、メッセンジャーRNA、リボソームRNA、転移RNAとして、遺伝子発現の機能分担をする分子となります。こうして、現在の細胞すべての原型となる核酸の分子の形態が確立します。

こうした始原細胞の想定と、現在合成が進められている「モデル細胞」は、ドーキンスのいう「利己的遺伝子とその乗り物＝容器（細胞）」の関係に良く合致しています。つまり、始原細胞の起源とその進化では、遺伝物質の非生物学的な合成によってできた核酸が、ランダムに重合を繰り返し、途方もない多様性を持つ遺伝子配列が作られてゆく進化過程が先行します。そして、それが脂質膜でできた「細胞」という容器に取り込まれ、分裂をしつつ遺伝情報が多様になり、自律的で制御がかかる細胞の増殖へと進化してきたのです。

始原細胞誕生のシナリオ

始原細胞そのものは、まだ想定上の産物ですが、これまで述べてきたことをまとめると、現在想定できる始原細胞誕生のシナリオは以下のようなものになります。

地球上に初めて始原細胞が誕生する前の地球の暖かい海では、あらかじめ細胞構築に必要となる資材（アミノ酸、糖類、脂質、核酸など）を作る化学反応が始まりました。長い年月をかけて遅々とした化学反応が進みますが、こうした資材は、やがてある至適濃度にまで達します。

すると、次の反応として、核酸の重合反応が起きて、ＲＮＡやＤＮＡが合成されます。ＲＮＡは重合しながら、やがて自身のちからで複製をはじめるようになります。また、脂質は集合して膜を作り、そのうちに、膜成分も袋状になり、袋は大きくなると、ちぎれる形で自動的に２つに分裂します。そのうち、ひょんなことで、自己複製型のRNAが袋の中に侵入するようになり、RNAの自己複製と袋の分裂が同調するようになり、他のRNA分子と協調して自己複製と進化ができる「遺伝子」と、その「容器」としての「始原細胞」が誕生します。

濃度が高まったアミノ酸も、おたがいに連結する反応が進み、アミノ酸が連結したペプチドが増えてきて、長く伸長したペプチドの中には、RNAと親和性を持ち、効率は悪いものの、RNAの重合反応を触媒して促進する能力を発揮するものもでてきます。そして、始原細胞の容器の中で、アミノ酸やペプチドはRNAなどと親和性を持ち、RNAの情報とアミノ酸とを結びつけ、タンパク質の合成反応が始まります。

それぞれの素過程の化学反応はお互いが連関を持って組織化されて、連鎖反応として反応速度が速くなり、一定のスピードで自己増殖できる機械ができてゆきます。おそらく、スタートの始原的な増殖機械が偶然に幾種類か出来上がり、それらがさらに増殖して広がってゆくあいだに、生存を維持できずに消えていったものがたくさんあったでしょう。このような始原的な増殖機械がどれくらい多様な仕組みを持っていたか、どれくらいたくさんあったのかは「想像の世界」です。

そして、このたくさんの原始的増殖機械の中から、当時の地球環境で生き延びることができたものが、想定上の、生命の起源の源である始原細胞となったのです。

始原細胞の遺伝子数は、どれくらい必要だったのか

では、始原細胞は、どれくらいの遺伝子（タンパク質をコードしている遺伝子の数）を持っていたのでしょうか。ここでいう遺伝子とは、DNA型として定着した遺伝子を意味します。その類推の方法の1つは、現存する細菌で最小の遺伝子数を持つものを探すことで、その数が始原細胞の遺伝子数に近いと考えるのは妥当性がありそうです。

現存する最小ゲノムを持つ細菌からの想定

現在生存している細菌のゲノム情報がわかると、その細菌のゲノムがコードしているタンパク質の数を推定することができます。膨大な数の細菌のゲノム情報が解読されましたが、大方の細菌のタンパク質の総数は、およそ3000個から4000個の範囲に入ります。ヒトのゲノムがコードするタンパク質の総数は2万個と推定されています。ヒトの細胞の構造的な複雑さや機能を考えれば、細菌のゲノムはずいぶんたくさんの種類のタンパク質を持っていると思われます。

さて、現代生存している細菌の中で、ゲノム情報がわかっていて、最も小さなゲノムを持っている細菌はマイコプラズマです。マイコプラズマ肺炎などで知られるように、この細菌は、自然条件では

脊椎動物などの細胞に付着して寄生していますが、実験室レベルでは栄養培地で培養可能なものがあり、培養可能な最小の生物と位置づけられています。

この細々と生きている細菌では、そのゲノムは、細菌の生命を支えるために必要最小限に近い遺伝子セットしか持っていないと考えられます。ゲノム解析の結果、マイコプラズマの遺伝子の数は482個と見積もられています。しかし、この数が本当に必要なのかを知るために、それぞれの遺伝子を破壊して、その遺伝子が失われても生存できるかどうかが調べられました。その結果、ほぼ100個の遺伝子を失ってもマイコプラズマは生存できたのです。だから、細菌の生存に必須の遺伝子数は382個程度あればよいということになります。

系統樹と組み合わせた想定

想定上の始原細胞を、科学方法論的に、現代の生き物と結び付ける手段の1つは、系統樹です。系統樹と膨大な細菌種のあいだの比較ジェノミクスの分析方法を組み合わせて、機能的な細胞を支えるために必要十分である遺伝子の最小のセットを推定する方法です。この方法では、たとえば、すべての細菌で同じ機能を持ち、進化的に変化が起きず保存されているような遺伝子は必須だ、重複している遺伝子は必須にちがいない、タンパク質合成に関係する遺伝子は必須なはずだ、というように選択要件を設定して求めると、500〜600遺伝子が必要という結果となります。

別のデータでは、始原細胞から現代の細菌に至るまでの進化過程で、遺伝子の損失が起きたことを考慮すると、1000個以上の遺伝子が必要で、その中の90％以上が機能を持っていたとして、かなりたくさんの遺伝子数が必要だったとしています。

こうした高い推定値は、最初から最小限の遺伝子数で始まったのではなく、代謝変化、情報処理、膜／輸送タンパク質と複雑な調節を含むいろいろな機能的な能力が、当時の地球環境で旺盛な増殖能を維持可能にするためには、少し余剰の遺伝子数が必要だったという立場に立っています。そして、まがりなりにもスタートについた始原細胞は、必要最小限の遺伝子数に減量してスリム化しつつ、後に述べる真正細菌、古細菌、真核生物の３つのドメインで分配できる潜在応力を残していたものが、祖先だったと推定していることになります。

第8章 「利己的遺伝子」仮説から「利己的細胞」仮説へ

これまでのまとめ

本書で、私は細胞生物学者の立場から、細胞は「利己的な遺伝子」の単なる「乗り物」に過ぎないのか、という点について、細胞や遺伝子の進化を背景として、細胞側からの反論を試みようと考えました。ここで、これまで述べてきたことをまとめてみます。

まず、始原的な細胞により近いと考えられる細菌とそのウイルスであるファージ、あるいはもっと単純なプラスミドDNAとの関係に注目しました。そこでは、これらの「利己的遺伝子」は細胞を乗り物として子孫の拡大再生産を図りますが、同時にそのために必要となる細胞融解のための「他殺遺伝子」が細菌の生存を守らざるをえない側面があること、さらに、この他殺遺伝子は細菌のゲノムに取り込まれて「自殺遺伝子」としてはたらくようになりますが、この装置に防御的制御を備えることで、細菌集団の「生存」のための装置としてはたらき、集団間では「利他的遺伝子」としてはたらくように進化したことがわかりました。

さらに、この利他的遺伝子は、分裂後の細菌に結果として子孫を残す細胞と、それを守るために栄養を供給する死細胞という不均等性をもたらし、それが生殖細胞と体細胞への分化をもたらし、さらに、将来的に多細胞生物を生み出す原理となったことがわかりました。

真核生物の出現は、真正細菌と古細菌の融合によってできたと想定されます。2つの細菌の融合は、2つのゲノムのあいだの闘争をもたらします。特に真正細菌から持ち込まれた利己的遺伝子であるⅡ型イントロンのはたらきが大きな障害となりますが、それを克服する形で、核膜や線状染色体の形成、スプライシング機構の形成などとともに、現代の真核細胞の姿に近い形に変容させてきました。

また、この過程で、真核細胞では、代謝系など細胞の維持と複製には古細菌のゲノムが優勢となり、真正細菌はゲノムを失いながらミトコンドリアに変形していき、ミトコンドリアはエネルギー産生工場として特化してゆきます。その結果、細菌と比べると実に何万倍もの高いエネルギーを産生する能力を真核細胞に付与し、この十分なエネルギーの支えによって、真核生物は、発現できる遺伝子の数を著しく増大し、細胞の構造的複雑性や制御的な遺伝子発現の多様性を獲得できたのです。実際、多くの真核細胞のゲノムは細菌のおよそ1000倍もの大きなサイズになっていて、多細胞生物に至る重要な新機軸である真核生物の複雑性をもたらす必要条件ともなりました。

しかし一方で、2つのゲノムの共生のゲノム闘争は、真核細胞の死の制御機構をもたらしたのです。ヒトをはじめとする多細胞生物を眺めると、細胞の生と死はアポトーシスという自殺装置によって調整されていますが、この自殺装置は、自殺の執行遺伝子と、それを正と負に制御する遺伝子によってできています。とくに自殺の正と負の制御遺伝子は、真性細菌を起源とするミトコンドリアの存在により、細菌の自殺遺伝子をそのまま利用することになったのです。つまり、我々の体の細胞は、もともとファージやプラスミドなどの他殺遺伝子の進化した姿を、現在も利用しているといえるのです。

我々の体は細胞の正と死の制御に依存していて、個体は必ず死滅してしまいます。それは体細胞が寿命を持っているからで、その寿命を規定している要因の1つがテロメラーゼです。テロメラーゼ遺伝子の進化を追跡すると、ここでも利己的遺伝子の影響があったことがわかります。動物細胞を宿主とするウイルスのうちには、宿主細胞の染色体に入り込み、宿主を操っているあいだに宿主染色体の指令に屈して宿主染色体の指令に依存するようになったレトロトランスポゾンのような利己的遺伝子があります。このレトロトランスポゾンは、テロメアの維持に関わるテロメラーゼの出現をもたらし、テロメラーゼは個体の生殖細胞と体細胞の細胞集団のバランスの制御に重要な貢献をしているのです。

個体は永遠に生きることは不可能でも、生殖細胞は世代を超えた永続性を持っています。では、生殖細胞は利己的といえるでしょうか。生殖細胞と体細胞は互換性があるので、細胞の利己性（自己複製能）とその抑制のバランスが保たれてはじめて、世代を超えた永続性が確保されるといえるでしょう。

体細胞でも、幹細胞のように利己性の強い細胞もありますが、利己性の抑制が保たれることによって個体の維持が可能となります。そして、体細胞の遺伝子の突然変異によって、この利己性の抑制を破壊したがん細胞は永続性を持つような細胞になります。そして、個体を死に追いやることで自身の利己性は途絶えることになりますが、まれに感染性のがん細胞が生まれ、利己的細胞として振る舞うことができます。また、人間が作りだしたＨｅＬａ細胞やＥＳ細胞やｉＰＳ細胞のような無限増殖能を持つ細胞は利己的細胞だと思われますが、人間の管理下のみで利己性を発揮できます。

これまで述べてきたことのまとめから、利己的遺伝子と乗り物としての細胞の相克は、時として遺伝子が先導し、またあるときは細胞が先導するというようにはたらきますが、その相克を克服した姿は、乗り物である細胞の存在様式として表現されます。そして、全体として、細胞は利己的遺伝子をうまく制御して正と死のバランスをとり、結果として種の保存に貢献するように進化してきたことをうかがわせ、それはすなわち、利己的遺伝子を道具として操作した乗り物である細胞こそが、利己的であったということができます。

そして、人類は、利己的遺伝子を道具として操作した乗り物である細胞の知恵を利用し始め、多様な遺伝子操作技術を駆使するようになりました。

一方、乗り物としての細胞がどのようにして創生されたかの研究は、合理的な推論が主流ですが、近年、モデル細胞を創生する実験的試みも進んできています。その結果、始原細胞の細胞膜は自律的成長と分裂ができたこと、始原的な遺伝子はＲＮＡ分子であり、自律的な複製と改変が可能であり、のちにＤＮＡへの転換が起きて現在の細胞の姿になったと想定されています。

これまでのまとめをもとに、私は「利己的遺伝子」仮説よりも「利己的細胞」仮設の方が妥当だとの結論に至りましたが、以下にいくつかの論点を再検討してみたいと思います。

「利己的遺伝子」の科学的実体

ドーキンスの『利己的遺伝子』は、カラフルな「比喩的物語」として、社会的な影響を含めて「遺伝学」に対する見解に大きな影響を与え、「統合進化学説」の考え方の一般的な普及に大きく貢献しました。

しかし、その主要な主張は、動物の特定の「利己的」な行動を特徴づける要素として「遺伝子」を対応させせようとしているので、「統合進化学説」の考え方を越えた見解とみることもできます。そして、何よりも問題なのは、「利己的遺伝子」は、単に言葉上の科学仮説として定式化されていますが、ほとんどの場合、人々は比喩が導く「暗黙」の科学的根拠を受け入れてしまうことになりがちで、科学者としては、「利己的遺伝子」仮説が実証的な科学仮説として解釈できるかどうかをきちんと明らかにすることが重要となります。

そこでまず、利己的遺伝子の実体の科学的根拠を考えてみたいと思います。ドーキンスは、「利己的」の意味を、遺伝子が親から子供へと連綿と伝わってゆく「本性」のことだと定義しています。一方、「遺伝子を、何代も続く可能性がある染色体の小さな小片と定義して、この本に『利己的な遺伝子』という表題をつけたのである」と、ある程度科学的実体としても表現しています。現代科学では、「遺伝子」という表現は、「ゲノム」、「染色体」、さらには化学物質としての「DNA」分子も相当します。

また、ドーキンスは、「利己的遺伝子」を最も単純な形で示した「自己複製子」、つまり、「子孫を増やすことができる遺伝物質の単位」とも表現しています。しかし、遺伝子自身、つまり、DNA分子自体は、自律的に自己複製することができないことは明白です。たとえば、DNAという分子を試験管の中で増やすことはできませんし、細胞の抽出液が含んでいる複製酵素群のタンパク質と一緒に反応させると、ある程度複製させることができますが、完全ではありません。

細胞の中では、遺伝子DNAの情報をRNAポリメラーゼという酵素によってメッセンジャーRNAに「転写」し、メッセンジャーRNAを鋳型として、リボソームという生産工場でタンパク質へと「翻訳」し、複製酵素群を合成し、そのはたらきでDNAの複製をおこない、細胞分裂をして2つの娘細胞に同じコピーを分配します。つまり、「利己的遺伝子」が「自己複製子」として振る舞うのは、細胞の中のみなのです。それゆえ、遺伝子を複製子というためには、「細胞」という「乗り物」の生理的現象の一時的な産物として初めて完全な定義ができるのであり、「利己的遺伝子」は「細胞」という「乗り物」に操られていることは明白です。

増殖機械を規定する利己的遺伝子の実体を解明する研究

本当の「自己複製子」とは、「増殖機械」としての「細胞」が示す「自己複製能」が最も妥当な表現のように思えます。この立場に立てば、本当の「利己的遺伝子」とは、「増殖機械」となるための「最小限の遺伝子セット」ということになります。

ゲノムの解読に大きく貢献したクレイグ・ベンター（John Craig Venter）は、最近、細胞の合成研究に力を入れています。1つの方向性として、細胞の基本的な機能を果たすために必要最小限のゲノムを推定するため、最も小さな細菌であるマイコプラズマのゲノムを、現在のゲノムよりさらに縮小することを考えました。その手段として、現在あるマイコプラズマの遺伝子に人工的に変異を重ね、増殖と生存に必要のない遺伝子を削除してゆき、最小限のゲノムとして、ほぼ400程度の遺伝子が必要であることを突き止めました。

そして、この最小限のゲノムDNAをヌクレオチドから化学的に合成します。そのためには、短いDNA配列を化学合成し、それを酵母に導入し、細胞内の複製酵素などを利用してDNA断片をつなぎ合わせてゆき、最終的に酵母内で完全な長さのマイコプラズマの最小ゲノムを作り上げます。この最小限の合成ゲノムは、マイコプラズマの生存と増殖を維持できる情報量を備えていると想像できます。それはすなわち、この合成ゲノムは、「利己的遺伝子」といってよいことになります。

それを証明するためには、「利己的遺伝子」と「乗り物」の関係を考えれば、この合成遺伝子を、「乗り物」つまり、「細胞」に導入すれば、始原的な細菌として想定しうる「最小単位の生き物」を合成したことになります。そして、想定実験としては、脂質膜を合成して分裂可能な「細胞」に入れれば良いと考えます。しかし、当然のことながら、複製装置も転写装置も持たない脂質膜だけの「細胞」という乗り物では、生命体の持つ能力を作り出すことはできません。

そこで彼らは、乗り物の細胞として、ゲノムだけを除いた異種のマイコプラズマの細胞に、合成ゲノムを導入すれば目的にかなうと考えました。合成ゲノムを保有する酵母とマイコプラズマを融合して、酵母からマイコプラズマにゲノムを水平伝搬させて、異種のマイコプラズマに合成ゲノムを導入するのです。そして、宿主マイコプラズマが持っているゲノムDNAは、制限修飾の方法を使って破壊し、導入した合成ゲノムだけを持つマイコプラズマを作り出しました。すると、この合成マイコプラズマは、もとの宿主マイコプラズマが持っていたゲノム自身の表現形質から、合成したマイコプラズマゲノム依存の表現形質に転換したことがわかりました。

つまり、概念的には、「利己的遺伝子」が「乗り物」に入り込めば、利己的遺伝子の思いのままに乗り物（細胞）を操ることが可能だということを実験的に実証したことになります。

この手法はその後さらに進められ、2010年には1079キロ塩基対だったゲノムがさらに縮小され、現在の最小ゲノムは531キロ塩基対となりました。そして、遺伝子の総数も473個に限定されました。この中には遺伝子の転写や、タンパク質合成など、細胞の増殖と維持に必要な遺伝子が含まれていますが、それでも、なお149個の遺伝子はその機能がわからないままになっています。つまり、細胞の増殖と維持という生命体の基本的要素のために必要な遺伝子の実体は、まだその機能が未知の遺伝子が含まれているのです。そして、このことは、利己的遺伝子の実体が、まだ不明の部分を多く残していることになります。

細胞をパソコンと比較してみれば、「利己的遺伝子」はソフトウェアであり、「乗り物」としての細胞は、細胞機能を発揮するための機械としてのハードウェアであると想定することができます。べンターらの実験は、いってみればハードウェアを持つパソコンにＷｉｎｄｏｗｓのソフトウェアを使うか、Ｍａｃｉｎｔｏｓｈのソフトウェアを使うかの違いといっても良いでしょう。そして、ベンターらは、マイコプラズマという最小単位のゲノムを持つ細菌という「乗り物」で、思考実験を成功させたあと、より複雑な細胞の合成を目指しています。

彼らは、酵母の染色体をその対象として、その染色体をより小さいゲノムサイズまで縮小させて、真核細胞でも、「利己的遺伝子」と「乗り物」の関係を再構築しようと企画しています。具体的には、すでに解読された酵母の染色体のうちの第３染色体をターゲットとして、必要ないと想定できる遺伝子配列を除き、人工的遺伝子と本来の遺伝子を区別できる形にデザインして、第３染色体を合成しようと企画しています。第３染色体は、酵母の全ゲノムの３％に過ぎませんが、このような手法を繰り返してゆけば、最終的に酵母のゲノムも人工的なゲノムで置き換えることが可能です。

ベンターが目指している方向は、デザインした「利己的遺伝子」で、どこまで細胞の増殖と維持という機能を再現できるか、そして、最小単位に近づいていけば、始原的状態で初めて使われたいくつかの遺伝子のセットとしての「自己複製子」、すなわち「利己的遺伝子」の実態を明らかにすることができ、それは「始原的細胞」の姿を想定したことになると考えられます。

「細胞」は「利己的遺伝子」を乗せた「増殖機械」

フランスの細菌遺伝学者でノーベル賞受賞者のジャコブ（Francois Jacob）は、「単細胞である1匹の細菌も1匹のアメーバも、そして多細胞生物である1匹のカエル、1本のゆりでも、2匹の細菌、2匹のアメーバ、たくさんのカエルやゆりを作り出すことを夢見て存在している」のであり、「細胞は、すべてが増殖を目的として組み立てられた機械」だと述べています。この表現の中の「細胞」に、ドーキンスの表現する「利己的」の真の意味が込められているようにみえます。細菌のような原核細胞からヒトのような真核細胞に至るまで、生き物の基本単位としての「細胞」という立場からみると、生物学的に「生きている」ということは、次のように考えることができます。

今日地球上に生物が存在しているのは、何十億年も前に始原的な「細胞」が誕生してから、営々と細胞の増殖を繰り返して多様な生物種を形成し、それぞれが増殖を繰り返して現代に至ったからだといえます。

もし、生物が地球上にいなかったとして、生物と機能的にも構造的にも類似した特徴を備えているが増殖する能力のない系を考えてみましょう。この典型的な例は自動車です。世界中で、ほぼ同じ規格の自動車が大量に生産されています。このような系では、その構造がきちんと固定されているので、新しいものを作り上げるための変化の可能性は少ないことになります。その多様な特性を持つ全く同じ機械を作るのに、毎回同じことを繰り返さなくてはなりません。1台の自動車のエンジンをスタートさせておいて、翌日2台の自動車ができているということは起こりません。しかし、1匹の大腸菌は、誰の手も借りず30分で2匹になることができるのです。

増殖できる系として最初の生き物＝始原細胞が誕生したとき、それが持っている構造や機能が現在の細胞とくらべてかなり劣悪なものだったとしても、ゆっくり増えることができ、条件が許す限り、いたるところに広がってゆき、散らばれば散らばるほど、自らの許容条件を満たす場所を探すことが容易にできるようになり、結局、この生き物は長い期間をかけて同じ事象を繰り返して、永遠に存続していく能力を獲得することになったのです。

このようにして第一歩を踏み出した始原細胞は、その存在の原因となっている増殖そのものがこの系の目的となっていて、まさに「利己的」といえるでしょう。そして、この系は増殖するか消滅するかという運命も同時に備えています。実際、この増殖と消滅という、相反する運命を背負いながら、地球上で絶滅していった生き物がある一方で、何十億年も、つまり莫大な数の世代を超えて、不変のまま続いてきた生き物が現存しているのです。

これは、この始原細胞が獲得した「プログラム」がずっと変わらずにはたらいていて、次から次へと世代を超えて、そのプログラムを正確に再生産するという自らの役割を几帳面に演じてきた結果だといえます。そして、もしこのプログラムの改善が起きて、その子孫がさらによい増殖ができるなら、その改善されたプログラムは、自然の中でさらによく増殖する能力を受け継ぐことができるはずです。

このようにして、増殖を目的とする系としての細胞は、プログラムそのものが、プログラム自体を環境に適応して改変するというプログラムを備えていることになります。このプログラムこそが「ゲノム」が備えている「遺伝子」の情報であり、また、遺伝子の制御システムなのですが、このプログラムは「利己的遺伝子」の特性を備えているといえます。

もちろん、プログラム自体はゲノムの上に書かれているのですが、それが意味を持つのは「細胞」という器の中だけであり、細胞はゲノムの変化を許容する「包容力」を備えていることで、生き物の改変、つまり進化がはじめて可能になったといえます。

プログラムに変更をもたらすような遺伝子の改変（変異）は無目的に生じるものの、それによって生じた生き物（変異体）は、直ちに増殖能力という「ふるい」にかけられて選別がおこなわれてきました。このことが「自然選択」と呼ばれる現象であって、数少ない始原細胞から、多様な自然環境の中で生存できる多様性を生み出し、単細胞だけでなく、多細胞で構成する生物種も生み出してきました。

そして、適応した生物種は永年にわたって維持されつつ、今日の多様な生物種の創生にも貢献してきた結果、現在の地球上には何億種ともいえる多様な生物種が生存することができているのです。もちろん、このプログラムは神のごとき完全性を備えていないために、偶然に変異が生じ、それが多様性を生み出す要因となりつつ進化を果たしてきたのです。しかし一方で、現存する多様な生物種とともに、適応できず絶滅してきた生物種も膨大なものであるという事実にも留意しておく必要があります。

「利己的遺伝子」と「統合進化学説」

およそ1世紀にわたって、「Modern Synthesis」と呼ばれる仮説が20世紀の進化学説として主流をなしてきました。「Modern Synthesis」とは、ダーウィンの進化論とメンデル遺伝学から「合成」したという意味で、「進化の統一理論」、「統合進化学説」あるいは「新ダーウィニズム」とも呼ばれます（本書では、「統合進化学説」と呼ぶことにします）。この理論は、１９３０年代から１９４０年代に、何人かの進化生物学者たちによって開発され、進化の結果だけでなく、進化のプロセスを考えるための研究方法ももたらしました。まず、「進化」を「遺伝子の変化」として説明する基礎として、「集団内の対立遺伝子頻度の変化」に注目し、「ランダムな遺伝的浮動」、「遺伝子拡散」、「突然変異圧」と「自然選択」が、進化を進める４つの力であり、「対立遺伝子の頻度の変化」を追跡することで、４つの指標が確認できるとしています。

ドーキンスの「利己的遺伝子」仮説は、「統合進化学説」の考え方の一般的な普及に大きく貢献したとされていますが、実際には、利己的遺伝子の考え方は、「統合進化学説」に何か新しい内容を追加したものではなく、多くの生物学者の心の中でも、「統合進化学説」と「利己的遺伝子」観が常に明確に区別されないままになっているのが現状です。

ドーキンスは、『利己的遺伝子』の中で、「利己的遺伝子」の意味をすべての遺伝子に共通する性質ではなくて、他の遺伝子と区別する特性として、遺伝子プールの中で「成功を収めた遺伝子」と表現しています。また、「利己性」とは、「遺伝子プールの頻度が増える」ことと定義されています。「遺伝子プールの頻度が増える」という表現は科学的実証性を持っていて、「統合進化学説」的な考え方としては、進化と直接関係のある「正の選択」を受けた遺伝子に相当すると考えられます。巻末の用語解説にあるように、「正の選択」では、ある遺伝子について、種内と種間で子孫の数にどのように差が生じたかを解析し、ある遺伝子に生じた突然変異が原因だとすれば、何世代をも超えたあと、さらには何万年、何百万年もたってから、その変異をもつ子孫の数が拡大していることをもって、自然選択で「正の選択」を受けたと判断しますので、まさに、遺伝子プールの頻度が増えたことになります。

遺伝子型と表現型の対応関係

利己的遺伝子に対応するものが正の選択を受けた遺伝子という前提の上で、この分析手法で抽出された遺伝子を眺めると、たくさんの突然変異による遺伝子進化の蓄積があったことが示されます。そこで、偶然に起きた遺伝子の突然変異が自然選択を受けてタンパク質の変化を起こし、進化に重要なはたらきをしてきたことは確かです。

しかし、たとえば、ＨａｐＭａｐと呼ばれるヒト遺伝子多型カタログをスキャンして、ヨーロッパ、アジア、またはアフリカなどの集団に高頻度に存在する対立遺伝子座の「最近の正の選択の広範囲の印」を探し、ヒトが地球上に拡大してきたあいだに経験した自然選択の証拠を探る研究では、計算上からは、700以上のゲノム領域のおよそ2500もの遺伝子が正の選択を受けたという推定が出ています。しかし、詳細にそれらの中を精査したところ、自然選択を受けていたことが確認されたのは、ほんの一握りの変異遺伝子でしかないことがわかってきました。つまり、ほとんどの遺伝子は、進化的に意味のある強い選択があったことを確認できなかったのです。

このように、具体的に自然選択を受けたことが合理的に説明できる遺伝子は限られていますし、選択された証拠を持つ遺伝子であっても、実際の生物種の進化の道筋でどのようにして選択を受けたのかという歴史的経緯や、選択圧と直接の因果関係があったのかは推測の域を出ません。

そこで、「遺伝子プールの頻度が増える」という「利己的遺伝子」の実証的指標と「成功を収めた遺伝子」は必ずしも同等でないことになり、その違いがなぜ生じるのかという点が重要になります。それは、「遺伝子型」と「表現型」の対応関係にあると思われます。メンデルの遺伝学では、個体の形や特徴が「表現型」であり、それの原因になっているのが「遺伝子型」です。しかし、一般に多くの表現型は曖昧なもので、実体となる個々の遺伝子と一対一の単純な対応をしない場合が多いのです。

ヒトとチンパンジーは見た目でもはっきりとわかる表現型の違いがありますが、ヒトとチンパンジーの相当するタンパク質のアミノ酸配列の情報を比較すると、わずか1%の違いしかありません。これは全ゲノムの比較からもおおむね同じ結果であり、遺伝子の塩基配列の違いは極めて小さいものなのです。その違いの小ささから、両者が分岐した後の600万年のあいだにタンパク質の構造の突然変異による遺伝子の変化だけでは、人間とチンパンジーのあらゆる比較で認められる大きな違いを説明できません。ヒトとチンパンジーのあいだで、グロビンのタンパク質のアミノ酸配列の違いが1%でしかないことを1972年に発見したウィルソンらは、両者の違いはタンパク質の構造そのもの、つまり構造遺伝子の配列の違いではなく、この違いを説明する何らかメカニズムがあるはずで、1つの可能性として、遺伝子発現の「調節」が重要だと推論しています。

酵母の遺伝子は、80%の最適生育条件下で必要ない

古典的な遺伝学は、遺伝子型と表現型とのあいだの関係を理解することを目的として研究してきました。基本的な研究方法は、個々の遺伝子の欠失を起こしてその表現型がどのように変化するかを調べ、遺伝子本来の機能や個体での表現型との関係を明らかにするというものです。こうした方法を、遺伝子と表現型との一対一の単純な対応としてどこまで突き詰めることができるか、個々の表現型、あるいは遺伝子型の分析が積み重ねられ、ゲノム全体の情報と機能が明らかになってきました。

酵母のような単細胞生物では、典型的な表現型の1つは増殖能力ですので、完全に明らかになったゲノム情報をもとに、酵母の個々の遺伝子を系統的に欠失して、その増殖能力がどんな変化をするかが調べられました。すると、驚くことに、酵母の遺伝子の約80%を完全に欠失しても、豊富な培地では増殖が可能であり、明白な増殖の表現型の相違が現れないことがわかりました。つまり、大半の遺伝子は細胞の増殖に必要がないということになってしまいました。

では、この大半の遺伝子は、本質的に酵母に必要ないのでしょうか。そこで、各欠損株の増殖適性を、豊富な培地という好条件から多様な環境ストレスがあるような条件下に切り替えて調べると、遺伝子欠失の97％が測定可能な増殖表現型の差異を示し、ほぼすべての遺伝子が、少なくとも1つの状態での最適増殖に必須であることを示したのです。つまり、大半の遺伝子は環境の大きな変化に適応し、種の生存を図るために進化し、存続してきたのです。一般に、遺伝子を欠損しても何も効果がない場合、重複遺伝子のもう1つのコピーが補償機能を果たすことが知られていますが、酵母の場合、重複遺伝子によって補償されるのは、表現型を持たない遺伝子欠失のおよそ4分の1と推定されました。そこで、多くの遺伝子は、別の遺伝子による代替の代謝経路や、遺伝子の調節ネットワークなどがはたらいて補償効果を示していると推定されました。

ヒトやマウスなどの遺伝子が単離され、その遺伝子を欠失したマウス個体を作成（ノックアウトマウス）ができるようになると、研究者はこぞって特定の遺伝子をノックアウトしたマウスを作成し、個々の遺伝子がどんな表現型を示すかを調べています。その結果、予想通りの表現型が現れ、遺伝子の機能が確認されるものもありますが、たくさんの遺伝子のノックアウトマウスで、見たところ何の表現型の違いも認められませんでした。酵母の実験と同じように、「遺伝子型」と「表現型」の違いの原因としては、すでに説明した遺伝子重複と代替経路のほかに、多因子遺伝、遺伝子の発現調節などが考えられています。

多因子遺伝の典型的な例は、ヒトの身長です。成人での身長の個体間の差異に寄与する遺伝子配列は、ゲノムワイドな研究によって系統的に調べられています。これまでに、４２３座に位置する６９

7の独立した変異体が同定されていますが、それは身長に関する遺伝率の約20％しか説明できていないといいます。つまり、もっとわずかな寄与しかしないが関与している遺伝子がたくさんあるのです。このように、身長という見た目にはわかりやすい表現型の原因となる遺伝子が膨大な数に上るとすれば、遺伝子型と表現型の関係は極めて複雑になります。

表現型を規定する遺伝子の発現調節

表現型の基本は、たとえば身長という表現型の場合、骨、筋肉などを作るタンパク質や、それの合成を促すホルモンなどがはたらいた結果です。そこで、表現型はそれを具体化するタンパク質の種類や性質などに規定され、これらタンパク質の情報を担う遺伝子（構造遺伝子という）が遺伝子型に対応すると考えられます。表現型と遺伝子型の原型は、1遺伝子＝1酵素説のように、1つの遺伝子とそれがコードするタンパク質の対応関係になると考えられましたが、実際にはもっと複雑であることがわかりました。

パスツール研のジャコブとモノー（Jacques Lucien Monod）らは、大腸菌の増殖と栄養の関係を調べた研究から、「オペロン」仮説を提唱しました。ある表現型を示すタンパク質を発現するためには、その構造遺伝子を、いつ、どのように発現するかの調節があることがわかり、その調節には、遺伝子配列上に調節に関わる短いDNA配列（シス－エレメント）と、これを認識して結合して、遺伝子の発現量を調節する転写因子と呼ばれるタンパク質が存在することがわかりました。モノーが「大腸菌で成り立つことは象でも成り立つ」と説明したように、この遺伝子発現の調節は、細菌から哺乳動物に至るまで、基本原則は同じといってよいでしょう。

そこで、表現型とは、単なる構造遺伝子の発現によって決まるのではなく、タンパク質が、いつ、どれくらいの量を作るかという遺伝子発現の調節を伴うものであり、この調節機構が、外界の環境条件、つまり自然の選択圧に適応する形で対応するということになります。その結果として、多くの遺伝子は同じ構造遺伝子であっても、いくつかの代替の調節経路を伴う遺伝子ファミリーへと進化したり、いくつかの遺伝子の調節がネットワーク化して補償効果を示すというように、たくさんの遺伝子がシステムとして表現型を作り上げて、細胞の生存を安定的に維持していると推定されています。

シスｰエレメントと転写因子の共同作業が、表現型を具体化する遺伝子制御システムづくりにいかに重要であったか、ヒトの手の進化と言語機能について、具体的に説明しましょう。

道具を作るヒトの手の進化

まず、シスｰエレメントについて説明します。他の動物に見られないヒトの重要な特性は、道具も作ることのできる手の構造にあります。最初は、石を砕いて石器を作るという作業から、複雑な道具や機械を作るように進化したと想定されていますが、そのためには物を強く握ったり、正確に物の大きさや形を掴むという手の形と機能が重要です。ヒトとチンパンジーなどの猿とは手の形は大まかには似ているものの、親指が他の４本指と向かい合うような形で物を握りやすくなるというように、ヒトだけが持つ指の特徴があります。このような手の指の構造ができ上がるのに、どんな変革があったのでしょうか。実は、これはまだ解けていない課題であり、特定の構造遺伝子が大きな変化をした形跡が見つかっていません。

手の形が作られるためには、骨、筋肉、神経などたくさんの要素が重なりあってできたに違いありません。そこで、ヒトに特徴的な手の構造を推定し、発生過程を通してだんだんに複雑な変化をもたらす遺伝子の制御に焦点を合わせて探し出すという研究方法が用いられています。こうした分析法は、進化で多様性を生み出す過程と個体発生の過程には共通のメカニズムが潜んでいるという考えに基づいており、エボデボ（evolution-development：生物進化と個体発生を相関した分析）と呼ばれます。

個体発生では、まったく同じゲノム組成を持つ1つの細胞から、200種を超える分化機能の異なる細胞が、遺伝子の変化（突然変異）を伴わず、遺伝子セットの差時的発現（時間と場所の違い）の調節で生み出されます。そして、進化過程でも、タンパク質の構造を変えないでも、遺伝子発現調節の変換を起こすことで、たくさんのタンパク質の共同作業の組み合わせ作業の手順を変えたり、時間的な変化を与えることで新しい形質を作りだし、自然選択を乗り越えることが可能だったと考えられます。こうした分析研究の結果、ヒトに特徴的なゲノムの変化として、手足の形成に関連するたくさんのシス－エレメントの変異があったことがわかりました。

この研究では、ヒトとマカクサルとマウスの手足の形成の元になる肢芽という手の原基で実際に発現している遺伝子を調べ、発生時間に従ってヒトの特性を増すようなシス－エレメントの割合が、肢芽の発生が進むとともに多くなり、最後には16％にもなりました。これは、形態の複雑度が増すほど、それを微調整することが必要だという推定とよく合う結果です。また、これらシス－エレメントの中には、腱の形成、軟骨形成、手足の形態制御など、骨の形成だけでなく、手足の形態形成全体と関わる多様な遺伝子をその標的としているものがあることもわかりました。

そして、実に2000を超えるシス－エレメントがヒトの特異性を増すシス－エレメントとして浮かび上がり、ヒトの手足の特徴を表現する遺伝子の進化は、多数の遺伝子の発現調節に関わるシス－エレメントの協調的な変異の積み重ねによるものだったことがわかりました。

遺伝子の調節領域であるシス－エレメントの変異を積み重ね、結果として、指の形成に関与するたくさんのタンパク質の量を微妙に変化させて、ヒトに特徴的な指を作り上げてきたことがわかります。

言葉と遺伝子

次に転写因子の進化に及ぼす効果について説明します。他の生物と比べて、ヒトの際立った特徴として、言葉を話すという特性があります。この言語機能は、当然のことながら、認識という機能、つまり脳の認識機構に依存しますが、同時に言葉を話す、つまり「発声」という機能も必要です。この言葉を話すという機能に障害がある人の家系を調べ、その原因遺伝子が特定され、ＦＯＸＰ2と名付けられました。この遺伝子が言語発生機能に必要であることは、この遺伝子を欠損したマウスで親子のあいだで交わされる超音波によるコミュニケーションが著しく損なわれること、ヒトの言語機能に相当する鳴く鳥の歌の学習でも、この遺伝子が欠損すると学習ができなくなることから、実験的に証明されました。

さらに面白いことに、ＦＯＸＰ２のタンパク質は、ヒトとチンパンジーで、２つのアミノ酸の配列が違っていました。この違いは６００万年前にヒトとチンパンジーが分岐した後で、ヒトにのみ生じた構造遺伝子中の突然変異でした。そこで、ヒトが言語を話すことができるようになるためには、この遺伝子の２つのアミノ酸の置換が必要だった可能性があります。

これを証明するために、マウスのＦＯＸＰ２遺伝子をヒトの遺伝子と置き換えたマウスを作成します。このマウスは「ヒト型」マウスと呼ばれます。マウスのＦＯＸＰ２遺伝子は、この２つのアミノ酸がチンパンジーと同じであるので、マウスのＦＯＸＰ２遺伝子そのものは「チンパンジー型」と考えてよいのです。この「ヒト型」マウスと「チンパンジー型」マウスを比較すれば、２つのアミノ酸の変異がヒトの言語機能獲得に貢献した可能性を実証することができそうです。ヒト型マウスは、マウスの母親と子供のあいだの超音波によるコミュニケーションに変化をもたらし、脳の神経回路の構造にも変化を起こしていました。ではなぜ、１つのタンパク質が変化しただけで、こんなに大きな変革を起こしたのでしょうか。

その理由は、ＦＯＸＰ２が転写因子であることにあります。ＦＯＸＰ２の２つのアミノ酸配列の違いは、この転写因子の機能に大きな違いを生じさせていたのです。では、具体的に、どのような変更が起きたのでしょうか。ＦＯＸＰ２はいくつかの遺伝子を標的として制御しています。標的となる遺伝子は構造遺伝子の上流にシス－エレメントを持っていて、ＦＯＸＰ２が結合すると、この遺伝子が発現するようになっています。この転写因子とシス－エレメントの結合の強さが、２つのアミノ酸変異によって変わったと考えられます。

実際、2つのアミノ酸の変異はＦＯＸＰ2がＤＮＡと結合するドメインと呼ばれる領域に起きていました。ヒト型とチンパンジー型のＦＯＸＰ2タンパク質がどんな標的遺伝子を制御しているかを比較すると、両者で明らかに標的遺伝子のそれぞれの発現量の量的なバランスが変わっていることがわかりました。これら標的遺伝子は、脳の神経回路を形成するために必要な遺伝子であり、ヒト型のアミノ酸の変化はこれら標的遺伝子の発現のパターンを変え、結果として、言語機能に関係する神経回路を向上させるようにはたらいたと考えられます。実際、こうしたＦＯＸＰ2を中心とする神経回路形成にはたらく遺伝子制御ネットワークは1つのシステムとしてはたらいていて、ほかの言語障害の原因遺伝子や自閉症など、神経疾患の原因遺伝子がこのシステムの一員として新たに見つかってきたのです。

一般的に、転写因子は単独の遺伝子を標的とするのではなく、いくつかの遺伝子を標的として、バランスをとって調節しています。そこで、これに変異が起きると、標的遺伝子に対するわずかな調節具合の違いで、多様な表現型の違いとなって現れるのです。ＦＯＸＰ2のヒトに特異的な変異がもたらした結果は、神経回路の大きな変化によって言葉を話すのに必要な、声帯の機能に大きな変化を与えたのです。

言葉を話すときには、いろいろな音素を微妙に変化させることによって、たくさんの単語をつなげ複雑な文章表現をすることができます。そこで、言葉を話すためには、脳の運動神経系のはたらきによって声帯の筋肉を微妙に動かしているのです。その結果、このように1つのタンパク質の遺伝子突然変異が、ヒトだけが言葉を話すという特殊な声帯機能を生み出す原因になることができたと考えられます。もちろん、このＦＯＸＰ２の突然変異は偶然に起きたものであり、声帯を微妙にコントロールできる運動神経系の発達も、偶然の出来事であったといっていいでしょう。

「ブリコラージュ」と「エンジニアリング」

ジャコブは１９７７年に Science 誌で、「evolution and tinkering」という題の論文を発表しています。tinkering という英語は、日本語では「調整」というように和訳されますが、ジャコブが意図している用語の意味は、フランス語の Bricolage（ブリコラージュ）（巻末用語解説参照）です。
ジャコブはブリコルール（ブリコラージュする人）とエンジニアを比較して説明します。エンジニアの作るものは最初にデザインがあり、目標がはっきりしていますので、出来上がったものはデザインに対して完成度の高いものになります。それに対して、ブリコルールは、ありあわせの材料を使って特にデザインや目標も持たずに、「あるもの」を作り上げます。結果として出来上がったものは期待したものでもないのですが、今まで予想もしなかった使い道が出てきたりします。その作業は、幼児が積み木を積み上げていく過程のように、目的もはっきりしないまま一心不乱に組み合わせをしながら、結局、家のように見えるものを作ったり、電車のようになったりするのに似ています。親が積み木をしようとすると、最初にあるイメージやデザインが浮かび、それに合わせたものを作りますが、結果として大して面白いものはできません。ジャコブは、生物進化はブリコラージュの積み重ねによって起きたのであって、エンジニアのようなあらかじめ作品を予期して作る作業によって起きたのではないと説明するのです。

ブリコラージュによる遺伝子制御システムの進化

先に説明したように、ヒトの他の動物に見られない重要な特性としての手の進化では、６００万年のあいだの転写因子とシス－エレメントの変異の蓄積が大きな変革をもたらしました。それは、あらかじめデザインがあったかのように見えますが、膨大な数のシス－エレメントが突然変異を積み重ねてきた出来事が、偶然に多数の遺伝子の制御システムの変換を起こした結果です。実際には、無目的に、そして偶然に起きたブリコラージュの積み重ねの作業であって、結果として出来上がった人の手の特徴が道具を作るために、たまたま好都合であっただけなのです。そして、自然選択の偶然の所作が作り上げた指を持つようになった先祖のサルが、たまたま石を握って叩きつけたら石器ができたために、道具作りを始めるという幸運に恵まれた結果、物を作る能力を持ち、自然にはたらきかけて自然を変え、社会や文化を作り上げてゆくような人間へと発展してきたのです。

言語機能についても、転写因子の変異によって、制御のネットワークに加盟していたタンパク質のあいだの共同作業に手順の違いが生じ、ブリコラージュの職人がありあわせの素材の組み合わせを変えて違った作品を作るのと同じ現象が起きたのだといえます。この偶然のブリコラージュ作業の結果が、発声という機能と認識機能とを結びつかせ、人と人とのあいだでのコミュニケーションを飛躍的に向上させ、社会生活を営むような大きな変革をもたらした可能性があります。

寄せ集めで新しい機能を創造する

タンパク質の構造とゲノム情報との関係が明らかになるにつれ、タンパク質の進化での「ブリコラージュ」の役割がはっきりしてきました。従来から、タンパク質は、その機能の上から「モジュール」式であると考えられてきました。モジュールとは、組み立てのユニットのことで、装置や機械などのシステムを構成する機能的にまとまった部分（タンパク質では、機能ドメインと呼ぶ）のことを意味しています。たとえば、スマートフォンで、電話、カメラ、ワープロなどの異なるモジュールを組み合わせるように、異なるモジュールの組み合わせ方を変えると、予想を越えた機械の機能的多様性を生み出すことができます。

タンパク質もその機能を発揮するために、いくつかの機能ドメインが融合して作られた特殊な機能を持つ機械と想定できます。実際、タンパク質の構造を良く見ると、この異なるドメインで構成されたタンパク質がたくさん認められます。こうした機能的ドメインは、いくつかの生物種で進化的に構造がよく似ているので、生物進化の過程で、このドメインが選択圧の標的となっていたことがわかります。そして、異なる機能ドメインは、生物進化の過程で異なる選択圧を受けてきた形跡があり、さらに、これらの異なる機能ドメインを融合してできた新たなタンパク質は、それによって新しい機能を獲得し、この新しい機能がより次元の高い選択圧の標的となったことがわかります。

このような「モジュール」式のタンパク質は、原核生物にも存在しますが、とくに、真核生物では、よりはっきりした形のものがたくさん認められます。たとえば、典型的な例として、先に述べた細胞死の重要な因子であるＢｃｌ－２遺伝子ファミリーがあります。Ｂｃｌ－２ファミリーのタンパク質は、１つのタンパク質内にいくつかのＢＨドメインを持っていて、わずかなドメインの違いにより、細胞死の誘導と抑制をする機能を示します。生物種の系統樹の上からは、誘導遺伝子が抑制遺伝子よりも古くから現れた形跡があり、最初に、ミトコンドリアを破壊することを目的として誘導遺伝子が誕生し、その後に、同じ遺伝子を少し改変して、破壊を抑えて制御する抑制遺伝子が誕生し、それぞれの遺伝子がお互いに改変を繰り返しながら数を増やし、ファミリーを形成してきたことをうかがわせます。とくに、ＢＨドメインの多様性の生じ方は生物種で大きな違いがあり、誘導と抑制の遺伝子は、それぞれが別の選択圧を受けて進化してきました。このファミリーでは、少しずつ構造の違うＢＨドメインを部品として、部品の改良と組み合わせによるブリコラージュを繰り返して、細胞死の制御システム制御を現在の姿まで改良してきたのです。

また、細胞内のシグナル伝達にかかわるタンパク質もブリコラージュの典型的なものです。細胞内のシグナル伝達では、たとえば、細胞増殖因子が細胞の増殖を誘導するという指令を発するとき、その指令のシグナルは、細胞内の伝達経路を通して核内の遺伝子の発現の誘導をおこないます。

具体的には、細胞増殖因子が細胞膜の受容体と結合し、受容体の細胞内側に突き出たタンパク質の部分が、シグナル伝達タンパク質と結合し、さらにいくつかのタンパク質が結合とかい離を繰り返して、核内までシグナルを伝えます。そのためには、特定のタンパク質同士が結合する必要があり、リン酸化されたチロシンがお互いのタンパク質の結合の認識部位としてはたらきます。そこで、シグナル伝達にかかわるタンパク質の多くは、チロシンのリン酸化をする触媒反応を持つキナーゼというドメイン、リン酸化されたチロシンに結合するＳＨ２ドメイン、タンパク質同士の結合のためのＳＨ３ドメイン、細胞膜と結合するドメインなど、いくつかのドメインの集まりとして作られています。そして、それぞれのドメインの寄せ集め方には違いがあり、その結果として、いくつかのシグナル経路に違いが生み出されています。

実際、ヒトゲノム解読から推定されているＳＨ２ドメインを持つタンパク質は１０３個もあり、他のドメインとの組み合わせなども複雑で、シグナル伝達経路に多様性をもたらしています。同じように、タンパク質がいくつか集合してはたらくための機能ドメインであるＰＤＺドメインを持つタンパク質は１４３個もあります。この場合も、ＰＤＺドメインのタンパク質ごとの数や位置関係などで違いがあり、タンパク質のはたらき方に多様性をもたらしています。こうしたタンパク質の集合の仕方の違いも、まさにブリコラージュの典型といえるでしょう。それは、１つのタンパク質に異なる機能を付与する形ではなく、まさに異なる機能タンパク質を寄せ集めていくつかの機能を発揮できるようにし、さらに、状況によって離合集散を可能にすることで、はたらき方の柔軟性をもたらすことができるのです。

このような機能的ドメインがどのようにして集合したかは、まさにブリコラージュによったと考えられます。つまり、いくつかの機能ドメインを、特に意図を持たずに寄せ集め、結果として新しい機能を持つようなタンパク質を作りだしたのです。

ヒトゲノム解析などから得られたデータからは、こうした機能ドメインの度重なる組み合わせの変換が起きて、新しい組み合わせを持つタンパク質が進化の上でより優位性を発揮したことがはっきりしてきました。

では、実際に、機能ドメインの組み合わせの変化はどのように起きたのでしょうか。真核生物のほとんどの遺伝子はエキソンとイントロンの組み合わせによるモザイク構造をしていますが、度重なるレトロトランスポゾン（利己的遺伝子）などの挿入で、遺伝暗号の相がずれて、あるエキソンが不活性になったり、スプライシングの認識配列の消失と出現により、あるエキソンを失ったり、新たなエキソンを誕生させたりすることが起きたのです。利己的遺伝子の振る舞いは、意図的ではないままに起こしてしまう機能ドメインの消失と出現をもたらし、新しい機能を付加したり、一部の機能を失ったような新規のタンパク質を誕生させたのです。

こうしたゲノム内に残る進化の足跡だけでなく、実際に、ブリコラージュによるランダムな機能ドメインの組み合わせで新しい機能を生み出したり、失ったりすることが起きるのかを、酵母の遺伝子改変技術を使って証明した実験も報告されています。それによると、酵母のシグナル経路にかかわる11種のタンパク質の中の機能ドメインの組み合わせをランダムに変えた66個の新規遺伝子を作り、その効果を調べると、新たなシグナル経路を生み出す、あるいは経路変更を起こすような新規遺伝子が選択されていたことがわかりました。つまり、実際にランダムな機能ドメインの組み合わせの中から新しい機能を持つ遺伝子が生み出され、しかも生存上の優位性を獲得することに貢献したことを裏付ける結果となったのです。

また、点突然変異の積み重ねによるタンパク質の変化では進化的に長い時間を必要とするのに対して、ブリコラージュによるタンパク質の変更は短期間で手っ取り早く起きることで、進化のスピードを上げているという点も重要な側面です。

生物進化における選択圧は、生き物のどの水準ではたらくか

「自然選択」は、進化論の根幹をなす重要な考え方です。アルフレッド・ラッセル・ウォーレス（Alfred Russel Wallace）は、「自然選択」を通じて進化が起きることを提唱して１８５８年にダーウィンと共同で論文を発表し、ダーウィンはこの考え方に強い影響を受けて、１８５９年に『自然選択の手段による種の起源について』を発表しました。

一般に選択圧は環境の変化などがはたらいて、生物種の生死を決める要因となると考えられますが、先に述べたように、具体的に自然選択を受けたことが合理的に説明できる遺伝子は限られていますし、選択された証拠を持つ遺伝子であっても、その選択圧との直接の因果関係の説明は推測の域を出ません。そこで、選択圧は偶然性で説明されがちで、この偶然性が生物進化の必然的な道筋をどのように作り上げたかの歴史的経緯が問題となります。

進化の考え方は、「恒星の進化」などのように、生物の進化に限らない考え方であり、宇宙の始ま

りから物質へ、そして生き物へと進んでも、進化のメカニズムは、宇宙の誕生から今日まで一貫した自然の選択圧のはたらきと考えることもできます。ここでは、自然の選択圧という点について、生物が持つ特殊性に注目して考えてみましょう。

生き物は、その基本的形が細胞であるとして、細胞を構成する化学分子、また、細胞から個体、個体とその集団、さらには生態系、というように、複雑な階層性を持っています。生き物の中にある多様な分子のセットは、化学の対象からすれば非常に限定された範囲の材料に過ぎません。元素のレベルでいえば、水素、炭素、窒素、酸素、硫黄、リンなど、限られたものが主成分です。元素はいくつかの組み合わせで多様な化合物を作り出します。しかし、生き物を構成している化合物は多様性があるといっても、主なものはアミノ酸、核酸、脂質、糖など、地球上の化合物の多様性の中では極めて限られたものです。だから、もし地球以外の恒星に生き物が存在するとすれば、類似の化合物でできているのか興味が募ります。

また、生物を構成する基本的な分子の特性は、物理学や化学の学問水準での説明によって理解する、つまり宇宙の誕生からの進化の歴史の一環としてとらえることが可能となりますが、構成する分子の特性がすべてわかったからといって、生き物の納得のゆく説明にはなりません。それは、生き物を物理学や化学など、より基盤的な学問領域の次元ですべて説明するには、生き物が持っているすべての可能性を説明できなければならないからです。

さて、20個のアミノ酸を重合したタンパク質分子は、その配列の多様性により、構造的にも機能的にも新しい複雑さを提供します。また、４つの核酸塩基を重合したＤＮＡやＲＮＡ分子は、その配列の多様性によって遺伝情報に複雑さをもたらします。そして、こうした生体分子の多様性と複雑さは、新たな階層性を生み出します。しかし、こうした複雑さを持つ生体分子を混ぜても細胞を作ることはできず、これらが組織化され、自律的な増殖システムが完成されてはじめて、生き物の最小単位としての細胞となります。

また、脊椎動物の体は、限られた数、およそ200個の細胞から分化した細胞で成り立っています。人間も脊椎動物の中の生物種にすぎませんが、グループを形成し、お互いの相互作用によって組織化され、さらに複雑な社会を形成します。

このように、生物学における対象の分析では、常に「組織化されたもの」、あるいは「システム」を理解し、それぞれの階層における「プログラム」の実体を理解することが必要となります。それぞれのシステムは、それぞれの水準の特性を持っていて、より単純なものの複合、組み合わせという形で表現されます。

こうした階層的な生き物の姿を理解するためには、まず、複雑な対象をそれぞれすべての水準において、構成要素の全体像を把握する必要があります。次に、そのシステムが持つ可能性の予測をして、異なる水準間の関係性を説明するという手段が必要です。そのため、最も単純な水準で理解できたことを基にして、次の水準を予測することができるようになることが要求され、そこではじめてシステムの特性が理解され、それぞれの構成要素の特性の総合として説明可能になります。

また、特に生物という対象の複雑さにおける階層性は、一定の「拘束」を持つ要件の中に存在します。ここで、「拘束」とは、そのシステムが持つ限界や制約のことです。もし、それぞれのレベルで新しい特性が現れると、それによって、既存のシステムを超えるようにはたらき、新たな水準をもつシステムとなります。しかし新しい水準のシステムもまた、そのシステムに固有の新たな「拘束」を持たざるを得ないことになります。

このような生物のシステムと「拘束」のあいだには、次のような2つの特徴があります。第一に、各水準を構成する物質は、すぐ下の水準でのあらゆる組み合わせによって得られる可能性の総和が持つ「拘束」を体現しているということです。第二に、各水準で、そのシステムに新たな「拘束」を付け加える、新しい属性が生ずることがあるということです。

そこで、このシステムと「拘束」のはたらき方が、ある特定の水準で、どのように表現されるようになるかは、結果として、組織体としての生き物の生存にとってどのように作用するかにつながるので、「拘束」が、生物学に特徴的で重要な「生物進化」と直結する課題となります。

それゆえ、生物の進化過程においては、それぞれの水準がどのような可能性を持つかを規定している「プログラムの拘束性」が、生物の生存を決定するのに大きな意味を持ちます。それとともに、それがシステム間の現実の相互作用を制御する「歴史的状況」によって、その生存が決定されるということが重要となります。ここで、「歴史的状況」とは、主として「自然」という外的環境が及ぼす影響力であり、ある特定の「時間」と「自然」の間の偶然性という意味で使っています。そして、「歴史的状況」が、生物の持つ「拘束性」と組み合わされることによって、「選択」が生じます。この「選択」はあらゆる水準で起きますが、複雑さが増すことによって、「歴史」の果たす役割が大きくなってきます。そこで、特に階層性が複雑な生物学的対象においては、「歴史」が重要になってきます。

重要な点は、科学的に証明可能なのは「拘束」だけであり、「歴史」は証明が不可能なために、生物学は物理学とは違った二重性を持つ説明を要求されることになります。それは、「それはどのようにしてはたらくか（実証可能）」と、「それはどうして起こったのか（実証不可能）」という2つの問いとなります。第一の問いは実験生物学によって研究されています。現在はまだシステムの特性を構成成分の特性として完全に理解できたという段階には至っていませんが、将来的に完全な理解に至ると推定できます。

第二の「それはどうして起こったのか」という問いは、「進化論」という形で説明しようとしています。しかし、ビッグバンの前提となるごく微小の物質の凝縮が「なぜ、どのように誕生したのか？」と同じように、「細胞」という特定のシステムが、「なぜ、どのように誕生したのか？」という問いかけは、物理学の範疇では説明できない課題にとどまります。現時点では、宇宙の誕生も、細胞の誕生も未知の課題ですが、とにかく、その事実があったのです。

現存する単細胞生物も多細胞生物も、構成している生体分子は基本的に全く同じものです。すべての生物が共通に、塩基とアミノ酸という化合物と、それらが結合した核酸やタンパク質という生体分子を持ち、遺伝暗号もすべての生物で共通です。これらの事実は、地球上の生物の進化では、化学的特性としては新規性のある物質、そして、それに基づく新しい構造体を生み出すのではなく、既存の化学物質だけという「拘束」の中で、細胞というシステムを質的に変化させてきたことを示しているのです。つまり、新しい素材を使って新規性を生み出すのではなくて、いつも、すでにある素材を動かして新しいシステムを作り上げ、それによって、新しい機能、あるいはもっと優れたシステムを生み出すように組み合わせたりしてきたのです。

ダーウィンの進化論での「自然選択」説は、選択される生き物の立場から考えると、生物が、その生息環境との相互作用をうまく「調整」して、生存できるように「自己変革」をすることによって生じるプロセスということができます。しかも、この「自己変革」のための「調整」機能は、あらかじめよく考案された長期的なプロジェクトによるのではありません。「調整」という作業は、その時までに存在する生命体が持っていなかった機能、そして、あらかじめ予期しなかった機能を持たせるようにはたらきます。さらに、こうしたプロセスの結果として、新たな生物種を生み出すようになることもあります。また、同じ「調整」作業をしても、結果として、足と羽のように見掛けも機能も違うものが形成される、ということも起こります。このように、「進化」は、同じ課題を与えても異なった解決策を生み出すのです。このような進化のプロセスの積み上げによって、細菌のような単細胞から多細胞生物を作り上げるようなことも起き、また、個体発生では同じゲノムを持ちながら、1個の細胞（受精卵）から多様な特異性を持った分化した細胞を生み出すこともできるのです。

そして、この「自己変革」のための「調整」機能こそが、「自然選択」をくぐりぬけて今日の生き物すべてを作り上げた原動力となったに違いありません。「調整」機能とは、先に述べた、遺伝子発現の調節などの「ブリコラージュ」という作業であり、生物の「利己性という本性」の正体であるといってよいでしょう。

利己的なのは遺伝子ではなくて、細胞である

ドーキンスは、「利己的」という言葉を使う論理的根拠は、生物進化の決定的な論理が、生命の階層構造のどのレベルではたらくのか、その結果として、「必然的に利己的となる、そのレベルとはいかなるものであるか」という点にあるとしています。ドーキンスは、ダーウィニズムのメッセージを簡潔に利己的な論理にあるとして、それは利己的な生態系なのか、利己的な種なのか、利己的な集団なのか、利己的な個体なのか、利己的な遺伝子なのかを検討し、それは遺伝子でなければならないと主張しているのですが、私は、現代分子遺伝学の到達点を考慮すると、先に述べたように、自然選択がはたらく生命の階層構造は、遺伝子ではなく、細胞というレベルであると考えます。

ドーキンスは、乗り物と、その中にいて、それを運転する自己複製する遺伝子とのあいだの区別について明確な考えを持ち始めたのは、初版を出してから2年後であったと述べています。そして、「不滅の遺伝子」としてもよかったし、「利他的乗り物」としてもよかったかもしれないと述べていきます。さらに、もう1つの良いタイトルとして、「協力的な遺伝子」でもよかったと述べています。いずれにしても、ドーキンスの「利己的遺伝子」という表現は「比喩的」であるがゆえに、あいまいさを残しているといえるでしょう。

遺伝子の利己性は、個体の生存を有利にして、世代を超えてその子孫を増やすことに貢献できたか

どうかで判断されます。それゆえ利己的遺伝子なるものは、乗り物を動かしているわけではなく、乗り物、つまり細胞や個体が偶然の選択条件に依存してはじめて、その利己性が具現されることになります。

実際に個々の遺伝子が利己性を発揮できるのではなく、乗り物の中でいくつかの遺伝子の組み合わせというシステムを作り出し、その発現の調節を受けて乗り物自体が選択条件に適合した場合のみ、その個体、そしてその子孫が繁栄することになります。突然変異は、一般的には時間の関数として、どんな生物でもどんな遺伝子でも偶然に起きるので、遺伝子そのものに特別の意思もなければ、ましてやデザインというものもありません。そこで生物の利己性は、個々の遺伝子には起因していないことになります。ブリコラージュを可能にするのは、乗り物の中に存在する多数の遺伝子セットであり、この遺伝子セットの組み合わせの選択は乗り物によっておこなわれ、その結果出来上がった乗り物が、自然によって選択されます。このとき、乗り物には特別の意図もデザインもなく、自然選択という歴史的条件によって偶然に選択されるのです。

それゆえ、このブリコラージュが、結果として生物進化において大きな役割を果たすことになり、それを可能にしているのは、乗り物である細胞という環境であって、遺伝子そのものではありません。ということは、生き物の利己性を動かす本体は、遺伝子というより、乗り物である細胞といった方が正しいように思います。つまり、利己的遺伝子が乗り物を動かすのではなく、細胞が遺伝子を利用して利己性を発揮しているというのが、私の結論です。

エピローグ

今、地球上の生き物たちは

生物が誕生してからの35億年のあいだに、地球上に誕生した生物種のうち、95％以上がすでに姿を消しているといわれています。その多くは「大量絶滅」と呼ばれる大規模な絶滅事象で失われました。過去の絶滅事象などについては一致した見解があるのですが、現存する全生物種の数や、今後どのくらいの速さで消えていくかははっきり推定できないのです。そんな状況で、現存する動植物や微生物の種の全体の数の見積りは、２００万未満から５０００万以上と、かなり幅があります。

推計の難しさの原因は、抽出されたサンプルが地球全体の生物多様性のごく一部を反映したものでしかないことにあります。細菌などの微生物は生息する場所も多様でよくわからないし、未知の生物種が存在するとしても、その生息する場所も、その種類も予想することは極めて難しいからです。それでも、国際自然保護連合が２０１４年に発表した「絶滅危惧種に関するレッドリスト」の最新版によれば、7万6000種以上が絶滅する可能性があると推定しています。

今後の生物種の絶滅が、気候変動の影響で加速することは確実です。将来の絶滅の状況を予測する方法の1つとして、これまでの絶滅の速度が今後も一定に保たれると想定すると、「現在の絶滅速度」の想定値は、現存する全生物種に対する絶滅種の割合が、1年当たり0・01～0・7％と、かなり幅を持たせた推定値となっています。そこで、この絶滅速度の上限を使って計算すると、毎年、数千種の生物が姿を消していることになり、もし、この傾向が続くとすれば、今後数百年のあいだに、全生物種の75％が絶滅するという、次の「大量絶滅」も起こりかねないという悲観的観測もあります。

外界をみると、われわれの周りで目に見える動物、植物だけでも、その数を数えようとすると膨大な数になりますが、目に見えない生物種はもっとたくさん生きているのです。細菌やファージなどは、現在地球上にはどれくらい生存しているのでしょうか。

地球上の細菌などの原核生物の見積もりは、総量は4～6×10^{30}個ぐらいだと推定されています。ヒトの腸内細菌のように、動物や植物に寄生、共生しているものもたくさん存在しています。その数は、たとえばヒトでは、ヒトの体細胞の総数のおよそ10倍であり、現在の世界の人口を70億とすると、5×10^{23}個となります。同様にウシやヒツジなどの腸内細菌類を合わせると、5×10^{24}個ほどになります。しかし、これは氷山の一角にすぎません。

地球上の微生物は、地表だけでなく、地下にも海水にも幅広く生息しています。生物体を構成する元素の比率で比べてみると、原核生物の炭素の総含量は350～550Pg（ペタグラム、10^{12}キログラム）であり、植物などが炭酸同化作用により蓄積した総炭素量の6割から10割に達し、全植物量に相当するだけの膨大な量であることがわかります。また、地球の原核生物の窒素の総含量は85〜130Pgとなり、全植物（9〜14Pg）より、およそ10倍も高いことがわかっています。つまり、生き物の総量として考えると、原核生物は地球上の生物の総量の中でも膨大な割合になり、サイレント・マジョリティなのです。

原核生物は、その生息場所の違いで、地表の土壌菌が0・25〜2・5×10^{30}個、地中深くまで棲んでいる原核生物は2・6×10^{29}個、地表に近い海域では3・5×10^{30}個、開放的な大洋では1・2×10^{29}個との推定があります。また、細菌に感染するファージは細菌の10倍ぐらい存在していると推定されています。

生息場所によって原核生物の誕生と死のスピードは違いますが、全体としてみると、地球上のすべての原核生物の細胞生産率は、1年に1・7×10^{30}個の割合で生産されると推定されています。そして、ファージと細菌のあいだでは、絶え間ない軍拡競争が続いています。こうした原核生物の集団のサイズの大きさと急激な成長は、生物界において、もっとも強く遺伝的多様性を生み出す能力があることを示しています。

そして、われわれは

生物の頂点に立つと自認している人間は、地球全体で現在70億人に達しています。しかし人類は、ヒト属として、少なくとも240万年のあいだは、他の動物たちのように、食料を求める狩猟採集民として世界中を渡り歩いていました。狩猟採集民の時代には、移動のために多大のエネルギーを必要としながら、摂取できる食物は低カロリーでした。1万年前に中東のレヴァント地方で農業が始まり、その後、南北中国、ニューギニア、エチオピア、アメリカなど世界中で7〜8か所の地域でも農業が始まりました。農業は、それまで採取していた野生の穀物種を改良して栽培する方法を発明し、また、狩猟の対象であった野生の動物種を家畜として飼育できるようにしました。こうした農業の始まりにより、人々は同じ場所に定住できるようになり、移動に伴う活動のエネルギーを軽減させ、高カロリーの食物を摂取できるようになったのです。

農業の出現前の世界の人口はおよそ600万人と推定されていますが、現在の70億人と比較すると、およそ1万年のあいだに1200倍もの人口増加があったことになります。その意味では、ヒト属は地球上の資源競争に勝利し、「利己的遺伝子」の力を十分に発揮した生物種といえるでしょう。

「はじめに」で述べたように、「我々がここにいて観測できるように世界は微調整されている」という、宇宙論の「人間原理」を認めるとしても、自分自身が宇宙の実在を確認できる知能を持った「生命体」の一員であると自覚できる人は少ないでしょう。しかし、35億年も前にスタートした最初の生命体としての始原細胞の末裔であることは認識できるでしょう。とはいっても、本書で述べてきた「利己的遺伝子」と乗り物としての「細胞」とのあいだで繰り広げられた絶え間ない軍拡競争の歴史の結果として今ある自分を考えたとき、偶然から必然になった生物進化の歴史を経た結果としての自分の存在が、いかにかけがえのないものであるかに気づきます。

人類は宇宙の観察者として任じていますが、自己の存在理由をみいだしたことにより、観察者としての役割から一歩進めて、自然選択を受ける立場から、文化を発展させ人為選択を進める立場に変わり、宇宙の変革者として振る舞い始めています。そして、「利己的遺伝子」と「利己的細胞」は、この変革のための手段として、自己変革の道具となり、他の生物種の人為的改良にも利用されることが必至となってきています。そして、近い将来、人類は支配的な「利己的生命体」として振る舞うことも可能になると予想されます。この「利己的生命体」が生き延びるためには、「宇宙という自然」の選択を受ける「ダーウィン進化が可能な化学システム」としての「拘束」を、よく理解することが必要だと考えます。

あとがき

細胞生物学や分子生物学という分野の生命科学研究に従事したのち大学を退職した筆者は、現代の生命科学の研究成果をもとに、新しい「人間」像を考えてみたいと思い、まず、「生物としての人間の歴史」という副題を持つ『われわれはどこから来たのか、われわれは何者か、われわれはどこへ行くのか』（早川書房）を出版しました。

ここで、新しいゲノム情報を基にして人間の進化の跡をたどってみると、それまで筆者が想定していた「自然選択」による遺伝子進化だけでなく、「ヒト」という種が「人間」になるためには、さらに「文化選択」が必要であることに気づきました。そこで、「先祖のサル」から「ヒト」への「自然選択」に加えて、「ヒト」がどのように「文化」を生み出し、自ら作り出した「文化」による選択を受けて「人間」に到達したかの道のりを辿り、『遺伝子と文化選択』（新曜社）を出版しました。

ところで、この二つの著書では、主として先祖のサルから人間に至るおよそ１０００万年から５００万年ぐらいの生物進化の歴史を追跡しています。しかし、ヒトに至る生物進化は、およそ35億年前に始原細胞が作られた時からスタートして、細菌、植物、動物へと分岐した系統樹で示されるような歴史として示されています。この複雑な系統樹の進化の道筋を綿密に辿ることは、専門外の筆者には無理な作業ですが、細胞生物学者としての立場からは、この複雑な系統樹を細胞の変遷の歴史として眺めてみることは可能だと思いました。

そこで本書では、遺伝子（最初はRNA様分子）と簡単な膜カプセルとしてスタートした始原細胞が、細菌や真核細胞へと進化してゆく細胞進化の過程を、遺伝子の進化として追跡してみました。筆者の最初の研究テーマは「コリシンE2による大腸菌のDNA分解」というもので、細菌を相手の研究でしたが、その後真核生物の細胞分化の仕事に移ってきたので、最近の科学論文を読みながらの作業は、自分の研究経歴を辿ることにもなり、楽しい作業でした。

この作業では、以前から気になっていたドーキンスの『利己的遺伝子』の「遺伝子が乗り物を操る」という表現を一つのテーマとして考え、「乗り物」としての細胞と「利己的遺伝子」の葛藤の歴史として描いてみました。筆者の結論は「乗り物としての細胞が遺伝子を操る」のであり、「利己的なのは細胞である」ということになりました。もとより、この結論は「鶏と卵」の議論のようでもあり、筆者の結論については読者のご判断を待ちたいと思っています。

本書の刊行に当たり、『遺伝子と文化選択』に引き続いて編集の労を取っていただいた新曜社の塩浦暲氏に感謝申し上げます。

最後に、本書に登場する細胞たちの「死を賭してつよく生きる」精神が、途方もなく長い生命の持続性を通して現在のわれわれ一人一人の存在を可能にし、われわれの生きる意欲の源泉ともなっていることを、読者の方々にくみ取っていただければ幸いです。

遺伝子の重複

遺伝子は、ゲノム内にそのコピーの数を2倍に増やすこと（重複化）ができれば、その遺伝子の発現量を増やすことができるので、表現型を変えるのに大きく貢献することができるはずです。さらに、1個の遺伝子が2個になったときには、生物進化の上で飛躍的な出来事が起きるのです。それは、1つの遺伝子が重複して2つになると、元の遺伝子がそのまま機能していれば生物は選択圧を克服できます。そこで、新たに生じた遺伝子は元の遺伝子を担保として、選択圧を受けないまま新たな変異を増やすことができるはずです。環境が変わって、新たな遺伝子の変異が選択圧に耐えているあいだに、元の遺伝子は自由に変異を蓄積できます。このように2つの遺伝子がお互いに協力する形で、多様な環境変化に適応しながら、結果として、多様な機能的変異を蓄積でき、大きな選択圧の変化が起きたときに、新しい変異を持つ遺伝子が適応できる潜在的能力を拡大できるという利点があることになります。

このような可能性について、1970年に大野乾が遺伝子重複説を提唱し、それ以来、遺伝子の重複化は進化的変化を駆動する最も重要なメカニズムであると考えられるようになりました。

エピジェネティックな制御

エピジェネティック（epigenetic）の epi は、ラテン語で「その上の」という意味で、「遺伝子の上の制御」を意味します。遺伝子DNAの塩基配列にコードされた遺伝情報を一次情報とすれば、その上の制御ということになります。真核生物の遺伝子は核タンパク質と会合したクロマチンという形状をとっており、このクロマチンという構造を介した制御機構ともいうことができます。具体的には、DNAのメチル化（シトシン塩基に酵素的にメチル基を付加する）、核タンパク質のヒストンのメチル化やアセチル化（アミノ酸残基の酵素的な付加反応）など、酵素による時期的、部域的な修飾が起きて、局所的なクロマチンの立体構造を変化させます。その結果として、遺伝子の転写が起こりやすくなったり阻害されたりします。最近では、mRNAとは異なる低分子のRNA転写物もクロマチンを介した重要な調節因子としてはたらくことがわかってきました。発生や細胞分化の過程では、DNAの塩基配列情報を全く変化させずに、遺伝子発現のプログラムを変換できる仕組みとしてはたらいていますし、ES細胞やiPS細胞の樹立と再分化ができるのも、エピジェネティックな制御が重要な仕組みとしてはたらいているからです。

オペロン、シス－エレメント、転写因子

オペロンは、ゲノム上に存在する機能的な単位の1つであり、遺伝子の発現制御機構の概念としてフランソワ・ジャコブとジャック・モノーによってその存在が示唆されました。彼らは大腸菌を用いた遺伝学的解析を通して、ラクトース代謝系の構造遺伝子群とその発現を制御する塩基配列部分とを合わせて1つの単位と考え、このような単位をオペロンと名付けました。オペロンは、オペレーター、プロモーターという短い塩基配列の調節領域と構造遺伝子（複数の場合もある）のセットで構成されます。オペレーター、プロモーターはシス－エレメントと呼ばれ、RNAポリメラーゼがプロモーターを認識して転写を始め、その上流に位置するオペレーターには調節タンパク質（トランス因子）が結合して転写を制御します。その後、真核生物の遺伝子発現の制御の研究が進むに従って、細菌だけでなく、真核細胞でも同じように遺伝子発現の制御機構があることがわかりました。真核生物のシス－エレメントはエンハンサーとも呼ばれ、それに結合する制御タンパク質は転写因子と呼ばれま

す。本書では、細菌でも真核生物でも、シス－エレメントと転写因子で統一して記述しています。

正の選択

ある遺伝子について、進化の過程で自然選択が起きたかどうかの検証は、その遺伝子について、種内と種間で子孫の数にどのように差が生じたかを解析することで推論することができます。その原因がある遺伝子に生じた突然変異だとすれば、何世代をも超えたあと、さらには何万年、何百万年もたってから、その変異を持つ子孫の数が拡大しているはずで、そのような遺伝子は、自然選択で「正の選択」を受けたと判断します。一方、その変異を持つ個体の数が減少していれば、「負の選択」を受けたことになります。先に述べたように、ヒトが現在70億人で、チンパンジーが15万匹であるとすれば、単純に集団の数の上から考えて、６００万年のあいだにヒトはより強い「正の選択」を受けたということになります。

実際には以下のように分析します。個々の遺伝子が自然選択で正の選択を受けたかどうかを調べるために、たとえば、ある特定の候補遺伝子の進化過程で起きた、非同義の変異（もとのアミノ酸と違うアミノ酸へと置換してしまう遺伝暗号の変異：Ｋａ）と、同義の変異（遺伝暗号に変異があっても同じアミノ酸になる中立的変異：Ｋｓ）の比率で示します。Ｋｓで示す同義の変異は、その遺伝子がコードしているタンパク質のアミノ酸配列の変化を起こさないので、表現型としては変異が起きなかったと同じことになります。結果として、進化過程で選択圧を全く受けることがないと予想され、遺伝子変異のスピードを表す指標となります。一方、非同義の変異を表すＫａは、その遺伝子がコードするタンパク質のアミノ酸配列を変化させ、結果としてその機能に影響を与えるので、もしその変異が示す表現型がその生物の生存に影響を及ぼす可能性があれば、進化の選択圧の効果が現れるでしょう。

そこで、Ｋａ＝Ｋｓであれば、この遺伝子は進化過程で全く選択圧の影響を受けなかった、Ｋａ＞Ｋｓであれば、このアミノ酸変化が進化過程で選択圧を受けた結果、その集団を増やし、このアミノ酸変化は「正の選択」を受けたと判断します。逆に、Ｋａ／Ｋｓであれば、このアミノ酸変化は生存にマイナスの効果を持っていたため、進化の過程でその集団の数を減少させてゆくことになり、「負の選択」があったと判断します。

ブリコラージュ

「ブリコラージュ」とは、「寄せ集めて自分で作る」「ものを自分で修繕する」ことを意味する用語で、「器用仕事」とも訳されています。元来は、「繕う」「ごまかす」を意味する動詞形の“bricoler”に由来するということですが、その意味するところは深いもので、Wikipedia によれば、以下のようになります。

『ブリコラージュは、理論や設計図に基づいて物を作る「エンジニアリング」とは対照的なもので、その場で手に入るものを寄せ集め、それらを部品として何が作れるか試行錯誤しながら、最終的に新しい物を作ることである。

ブリコラージュする職人などの人物を「ブリコルール」（bricoleur）という。ブリコルールは既にある物を寄せ集めて物を作る人であり、創造性と機智が必要とされる。また雑多な物や情報などを集めて組み合わせ、その本来の用途とは違う用途のために使う物や情報を生み出す人である。端切れから日用品を作り出す世界各国の普通の人々から、情報システムを組み立てる技術者、その場にあるものをうまく使ってピンチを脱するフィクションや神話の登場人物まで、ブリコルールとされる人々の幅は広い。』

このブリコラージュという言葉を思想的な意味で用いたのは、フランスの文化人類学者・クロード・レヴィ＝ストロース（Claude Lévi-Strauss）です。彼の著書『野生の思考』（１９６２年）などで、世界各地に見られる、端切れや余り物を使って、その本来の用途とは関係なく、当面の必要性に役立つ道具を作ることを紹介し、「ブリコラージュ」と呼び、人類が古くから持っていた知のあり方、「野生の思考」をブリコラージュによるものづくりに例え、これを近代以降のエンジニアリングの思考、「栽培された思考」と対比させ、ブリコラージュを近代社会にも適用されている普遍的な知のあり方として提唱したのです。

メタ（高次元）ゲノム解析

ＤＮＡの塩基配列の決定法（シーケンス法）の初期は、個別の遺伝子、ウイルスやプラスミド等比較的単純なＤＮＡを材料として分析していました。そのため、細菌や真核細胞等は、主として培養できる単一種を基に進められ、ヒトゲノムの完全解読や多数の細菌や動物種、植物種のゲノムの全容が明らかになってきました。また、シーケンス法の技術が大きく進み、単一の細菌種ではない集合の細菌種を用いても解析が可能となってきました。
メタゲノム解析とは、単一生物種に限らず、生息環境のサンプルから直接に回収された生物種の集団ごと、ゲノムＤＮＡを取り扱って解析をおこなう研究分野のことで、これまで、ヒトの腸内細菌叢、海中の微生物群、海底の細菌群、農場土壌の細菌群などを対象としたメタゲノム解析が論文として報告されています。

著者紹介
帯刀益夫（おびなた　ますお）
東北大学名誉教授。薬学博士。1943年長野県生まれ。東京大学大学院薬学研究科博士課程修了後、エール大学、カリフォルニア大学サンフランシスコ校へ留学。帰国後は、（財）癌研究会癌研究所研究員。その後は東京大学薬学部助教授、東北大学加齢医学研究所教授、同所長、退職後は、独立行政法人科学技術振興機構プログラム調整室プログラムオフィサーなどを歴任。専門は細胞生物学、分子生物学。
主要著書：『加齢医学』（編著、東北大学出版会）、『統合生命科学〈1〉細胞の分化（新・生命科学ライブラリ）』（サイエンス社）、『細胞寿命を乗り越える：ES細胞・iPS細胞、その先へ』（杉本正信と共著、岩波書店）、『われわれはどこから来たのか、われわれは何者か、われわれはどこへ行くのか』（早川書房）、『遺伝子と文化選択』（新曜社）、『「遺伝子アート」の世界』（学術研究出版）。

新曜社
利己的細胞
遺伝子と細胞の闘争と進化

初版第1刷発行　2018年4月5日

著　者　帯刀益夫
発行者　塩浦　暲
発行所　株式会社　新曜社
101-0051　東京都千代田区神田神保町3－9
電話（03）3264-4973（代）・FAX（03）3239-2958
e-mail : info@shin-yo-sha.co.jp
URL : http://www.shin-yo-sha.co.jp
組版所　Katzen House
印　刷　中央精版印刷
製　本　中央精版印刷

ISBN978-4-7885-1577-2 C1040

参考文献

はじめに

リチャード・ドーキンス／日高敏隆ほか訳 (1980)『生物＝生存機械論 ── 利己主義と利他主義の生物学』紀伊国屋書店 (Dawkins, R. (1976) *The selfish gene*. Oxford University Press.) なお、第2版以降は、『利己的な遺伝子』と表題を変更している。

第1章

Asakura, Y. & Kobayashi, I. (2009) From damaged genome to cell surface: Transcriptome changes during bacterial cell death triggered by loss of a restriction-modification gene complex. *Nucleic Acids Research, 37*, 3021.
Barrangou, R., et al. (2007) CRISPR provides acquired resistance against viruses in prokaryotes. *Science, 316*, 1709.
Cascales, E., et al. (2007) Colicin biology. *Microbiology and Molecular Biology Reviews, 71*, 158.
Duché, D., Issouf, M., & Lloubès, R. (2009) Immunity protein protects colicin E2 from OmpT protease. *Journal of Biological Chemistry, 145*, 95.
Erez, Z., et al. (2017) Communication between viruses guides lysis-lysogeny decisions. *Nature, 541*, 488.
Gefen, O., Gabay, C., Mumcuoglu, M., Engel, G., & Balaban, N. Q. (2008) Single-cell protein induction dynamics reveals a period of vulnerability to antibiotics in persister bacteria. *PNAS, 105*, 6145.
Gerdes, K. & Maisonneuve, E. (2015) Remarkable functional convergence: Alarmone ppGpp mediates persistence by activating Type I and II Toxin-Antitoxins. *Molecular Cell, 59*, 1.
Gillor, O., Etzion, A., & Riley, M. A. (2008) The dual role of bacteriocins as anti- and probiotics. *Applied Microbiology and Biotechnology, 81*, 591.
Gillor, O., Vriezen, J. A. C., & Riley, M. A. (2008) The role of SOS boxes in enteric bacteriocin regulation. *Microbiology, 154*, 1783.
Horvath, P. & Barrangou, R. (2010) CRISPR/Cas, the immune system of bacteria and archaea. *Science, 327*, 167.
Kirkup, B. C. & Riley, M. A. (2004) Antibiotic-mediated antagonism leads to a bacterial game of rock-paper-scissors in vivo. *Nature, 428*, 412.
Kobayashi, I. (2001) Behavior of restriction-modification systems as selfish mobile elements and their impact on genome evolution. *Nucleic Acids Research, 29*, 3742.
Kolodkin-Gal, I,, Sat, B., Keshet, A., Engelberg-Kulka, H. (2008) The communication factor EDF and the toxin-antitoxin module mazEF determine the mode of action of antibiotics. *PLoS Biology, 6*, e319.
Ledford, H. (2017) Five big mysteries about CRISPR's origins. *Nature, 541*, 280.
Leiman, P. G., et al. (2009) Type VI secretion apparatus and phage tail-associated protein complexes share a common evolutionary origin. *PNAS, 106*, 4154.

Lewis, K. (2007) Persister cells, dormancy and infectious disease. *Nature Reviews Microbiology, 5*, 48.
Melderen, L. V. & De Bast, M. S. (2009) Bacterial toxin-antitoxin systems: More than selfish entities? *PLoS Genetics, 5*, e1000437.
Moran, M. A. (2015) The global ocean microbiome. *Science, 350*, aac8455.
Murray, N. E. & Gann, A. (2007) What has phage lamb a ever done for us? *Current Biology, 17*, 305.
Naito, T., Kusano, K., & Kobayashi, K. (1995) Selfish behavior of restriction-modification systems. *Science, 267*, 897.
Ric, K. C. & Bayles, K. W. (2008) Molecular control of bacterial death and lysis. *Microbiology and Molecular Biology Reviews, 72*, 85.
Riley, M. A. & Wertz, J. E. (2002) Bacteriocins: Evolution, ecology, and application. *Annual Review of Microbiology, 56*, 117.
Sheetal, R. S., et al. (2009) Microbial quorum sensing: A tool or a target for antimicrobial therapy? *Biotechnology and Applied Biochemistry, 54*, 65.
Vlamakis, H., Aguilar, C., Losick, R., & Kolter, R. (2008) Control of cell fate by the formation of an architecturally complex bacterial community. *Genes and Development, 22*, 945.

第2章

Alexander, I. & Culley, A. I. (2013) Insight into the unknown marine virus majority. *PNAS, 23*, 12166.
Ashelford, K. E., Martin J., Day, M. J., & John C., Fry, J. C. (2003) Elevated abundance of bacteriophage infecting bacteria in soil. *Applied and Environmental Microbiology, 69*, 285.
Cuskin, F., et al. (2015) Human gut Bacteroidetes can utilize yeast mannan through a selfish mechanism. *Nature, 517*, 165.
David, L. A. & Alm, E. J. (2011) Rapid evolutionary innovation during an Archaean genetic expansion. *Nature, 469*, 93.
Gómez, P. & Bucklin, A. (2011) Bacteria-phage antagonistic coevolution in soil. *Science, 332*, 106.
Kau, A. L., Ahern, P. P., Griffin, N. W., Goodman, A. L., & Gordon, J. I. (2011) Human nutrition, the gut microbiome and the immune system. *Nature, 474*, 327.
Koonin, E. V. (2016) Horizontal gene transfer: Essentiality and evolvability in prokaryotes, and roles in evolutionary transitions. *Version 1, F1000Research*.
Koonin, E. V., Dolja, V. V., & Krupovic, M. (2015) Origins and evolution of viruses of eukaryotes: The ultimate modularity. *Virology, 479*, 2.
Koonin, E. V. & Wolf, Y. I. (2008) Genomics of bacteria and archaea: The emerging dynamic view of the prokaryotic world. *Nucleic Acids Research, 36*, 6688.
Meyer J. R., Dobias, D. T., Weitz, J. S., Barrick, J. E., Quick, R. T., & Lenski, R. E. (2012) Repeatability and contingency in the evolution of a key innovation in phage lambda. *Science, 27*, 335.
Modi, S. R., Lee, H. H., Spina, C. S., & Collins, J. J. (2013) Antibiotic treatment expands the resistance reservoir and ecological network of the phage metagenome. *Nature, 499*, 219.
Page, R. & Peti, W. (2016) Toxin-antitoxin systems in bacterial growth arrest and

persistence. *Nature Chemical Biology, 12*, 208.
Petersen, L., et al. (2007) Genes under positive selection in Escherichia coli. *Genome Research, 17*, 1336.
Rice, K. C. & Bayles, K. W. (2008) Molecular control of bacterial death and lysis. *Microbiology and Molecular Biology Reviews, 72*, 85.
Vaishnava, S., et al. (2011) The antibacterial lectin RegIIIgamma promotes the spatial segregation of microbiota and host in the intestine. *Science, 334*, 255.
Zhao, Y., et al. (2013) Abundant SAR11 viruses in the ocean. *Nature, 494*, 357.

第3章

Alvarez-Ponce, D. & McInerney, J. O. (2011) The human genome retains relics of its prokaryotic ancestry: Human genes of archaebacterial and eubacterial origin exhibit remarkable differences. *Genome Biology and Evolution, 3*, 782.
Andersson, S. G., Karlberg, O., Canbäck, B., & Kurland, C. G. (2003) On the origin of mitochondria: A genomics perspective. *Philosophical Transactions of The Royal Society of London. Series B: Biological Sciences, 358*, 165.
Blackburn, E. (2001) Switching and signaling at the telomere. *Cell, 106*, 66.
Campisi, J. (2011) Cellular senescence: Putting the paradoxes in perspective. *Current Opinion in Genetics and Development, 21*, 107.
Elbarbary, R. A., Lucas, B. A., & Maquat, L. E. (2016) Retrotransposons as regulators of gene expression. *Science, 351*, aac7247.
Embley, T. M. & Martin, W. (2006) Eukaryotic evolution, changes and challenges. *Nature, 440*, 623.
Embley, T. M. & Williams, T. A. (2015) Evolution: Steps on the road to eukaryotes. *Nature, 521*, 169.
Faulkner, G. J. & Carninci, P. (2009) Altruistic functions for selfish DNA. *Cell Cycle, 8*, 2895.
Garavís, M., González, C., & Villasante, A. (2013) On the origin of the eukaryotic chromosome: The role of noncanonical DNA structures in telomere evolution. *Genome Biology and Evolution, 5*, 1142.
Gladyshev, E. A. & Arkhipova, I. R. (2011) A widespread class of reverse transcriptase-related cellular genes. *PNAS, 108*, 20311.
Greider, C. W. & Blackburn, E. H. (1987) The telomere terminal transferase of Tetrahymena is a ribonucleoprotein enzyme with two kinds of primer specificity. *Cell, 51*, 887.
Iranzo, J., Lobkovsky, A. E., Wolf, Y. I., & Koonin, E. V. (2014) Virus-host arms race at the joint origin of multicellularity and programmed cell death. *Cell Cycle, 13*, 308.
Jacobs, F. M., et al. (2014) An evolutionary arms race between KRAB zinc-finger genes ZNF91/93 and SVA/L1 retrotransposons. *Nature, 516*, 242.
Koonin, E. V. (2003) Comparative genomics, minimal gene-sets and the last universal common ancestor. *Nature Reviews Microbiology, 1*, 127.
Lane, N. & Martin, W. (2010) The energetics of genome complexity. *Nature, 467*, 929.
Macfarlan, T. S., et al. (2006) Introns and the origin of nucleus-cytosol compartmentalization.

Nature, 440, 41.
Mary-Lou Pardue, M.-L. & DeBaryshe, P. G. (2011) Retrotransposons that maintain chromosome ends. *PNAS, 108*, 20317.
Nelson-Sathi, S., et al. (2015) Origins of major archaeal clades correspond to gene acquisitions from bacteria. *Nature, 517*, 77.
Pfaff, S. L. (2012) Embryonic stem cell potency fluctuates with endogenous retrovirus activity. *Nature, 487*, 57.
Spang, A., et al. (2015) Complex archaea that bridge the gap between prokaryotes and eukaryotes. *Nature, 521*, 173.
Spang, A., Caceres, E. F., & Ettema, T. J. G. (2017) Genomic exploration of the diversity, ecology, and evolution of the archaeal domain of life. *Science, 357*, eaaf3883.
Szostak, J. W. & Blackburn, E. H. (1982) Cloning yeast telomeres on linear plasmid vectors. *Cell, 29*, 245.
Zhang, L. & Rong, Y. S. (2012) Retrotransposons at Drosophila telomeres: Host domestication of a selfish element for the maintenance of genome integrity. *Biochimica et Biophysica Acta, 1819*, 771.
Zimmerly, S., Guo, H., Perlman, P. S., & Lambowitz, A. M. (1995) Group II intron mobility occurs by target DNA-primed reverse transcription. *Cell, 82*, 545.

第4章

Ameisen, J. C. (2004) Looking for death at the core of life in the light of evolution. *Cell death and Differentiation, 11*, 4.
Ameisen, J. C., Pleskoff, O., Lelièvre, J. D., & De Bels, F. (2003) Subversion of cell survival and cell death: Viruses as enemies, tools, teachers and allies. *Cell death and Differentiation, 10*, Suppl. 1, S3.
Brosius, J. (2014) The persistent contributions of RNA to eukaryotic gen(om)e architecture and cellular function. *Cold Spring Harbor Perspectives in Biology, 6*, a016089.
Dlugosz, P. J. et al. (2006) Bcl-2 changes conformation to inhibit Bax oligomerization. *EMBO Journal, 25*, 2287.
Galluzzi, L., Brenner, C., Morselli, E., Touat, Z., & Kroemer, G. (2008) Viral control of mitochondrial apoptosis. *PLoS Pathogens, 4*, e1000018.
Gilbert, R. J., Dalla Serra, M., Froelich, C. J., Wallace, M. I., & Anderluh, G. (2014) Membrane pore formation at protein-lipid interfaces. *Trends in Biochemical Sciences, 39*, 510.
Mukherjee, S., et al. (2014) Antibacterial membrane attack by a pore-forming intestinal C-type lectin. *Nature, 505*, 10.
Murphy, M. P. (2009) How mitochondria produce reactive oxygen species. *Biochemical Journal, 417*, 1.
Oh, K. J., Barbuto, S., Meyer, N., Kim, R. S., Collier, R. J., & Korsmeyer, S. J. (2005) Conformational changes in BID, a pro-apoptotic BCL-2 family member, upon membrane binding: A site-directed spin labeling study. *The Journal of Biological Chemistry, 280*, 753.
Pérez-Morgan, D., et al. (2005) Apolipoprotein L-I promotes trypanosome lysis by forming pores in lysosomal membranes. *Science, 309*, 469.

Schendel, S. L., Xie, Z., Montal, M. O., Matsuyama, S., Montal, M., & Ree, J, C. (1997) Channel formation by antiapoptotic protein Bcl-2. *PNAS, 94*, 5118.
Zeth, K. & Thein, M. (2010) Porins in prokaryotes and eukaryotes: Common themes and variations. *Biochemical Journal, 431*, 13.

第5章

帯刀益夫 (2007)『統合生命科学〈1〉細胞の分化』(新・生命科学ライブラリ) サイエンス社
杉本正信・帯刀益夫 (2009)『細胞寿命を乗り越える —— ES 細胞・iPS 細胞、その先へ』(岩波科学ライブラリー 164) 岩波書店
Amadio, J. P. & Walsh, C. A. (2006) Brain evolution and uniqueness in the human genome. *Cell, 126*, 1033.
Bond, J. & Woods, C. G. (2006) Cytoskeletal genes regulating brain size. *Current Opinion in Cell Biology, 18*, 95.
Callaway, E. (2013) Deal done over HeLa cell line. *Nature, 500*, 132.
Choi, Y. J. (2017) Deficiency of microRNA miR-34a expands cell fate potential in pluripotent stem cells. *Science, 355*, eaag1927.
Chronis, C., Fiziev, P., Papp, B., Butz, S., Bonora, G., Sabri, S., Ernst, J., & Plath, K. (2017) Cooperative binding of transcription factors orchestrates reprogramming. *Cell, 168*, 442.
Cordaux, R. & Batzer, M. A. (2009) The impact of retrotransposons on human genome evolution. *Nature Reviews Genetics, 10*, 691.
Cotney, J. et al. (2013) The evolution of lineage-specific regulatory activities in the human embryonic limb. *Cell, 154*, 185.
Dawkins, R. (1976) *The selfish gene*. Oxford University Press.(リチャード・ドーキンス/日高敏隆ほか訳 (1980)『生物＝生存機械論 —— 利己主義と利他主義の生物学』紀伊国屋書店)
Dingli, D. & Nowak, M. A. (2006) Cancer biology: Infectious tumour cells. *Nature, 43*, 35.
Goriely, A., McVean, G. A., Röjmyr, M., Ingemarsson, B., & Wilkie, A. O. (2003) Evidence for selective advantage of pathogenic FGFR2 mutations in the male germ line. *Science, 301*, 643.
Goriely, A. & Wilkie, A. O. (2012) Paternal age effect mutations and selfish spermatogonial selection: Causes and consequences for human disease. *American Journal of Human Genetics, 90*, 175.
Hasuwa, H. & Siomi, H (2017) Mobile elements control stem cell potency. *Science, 355*, 581.
Haussler, D. (2014) An evolutionary arms race between KRAB zinc-finger genes ZNF91/93 and SVA/L1 retrotransposons. *Nature, 516*, 242.
Jacobs, F. M. et al. (2009) Wildlife cancer: A conservation perspective. *Nature Reviews Cancer, 9*, 517.
Murchison, E. P. (2016) Cancer: Transmissible tumours under the sea. *Nature, 534*, 628.
Obinata, M. (2007) The immortalized cell lines with differentiation potentials: Their establishment and possible application. *Cancer Science, 98*, 275.
Pepper, J. W, Smukler, S. R., Runciman, S. B., Xu, S., & van der Kooy, D. (2006) Embryonic stem

cells assume a primitive neural stem cell fate in the absence of extrinsic influences. *Journal of Cell Biology, 172*, 79.
Pepper, J. W., Sprouffske, K., & Maley, C. C. (2007) Animal cell differentiation patterns suppress somatic evolution. *PLoS Computational Biology, 3*, e250.
Peters, A., Kubera, B., Hubold, C., & Langemann, D. (2011) The selfish brain: Stress and eating behavior. *Frontiers in Neuroscience, 5*, 74.
Rakic, P. (2009) Evolution of the neocortex: A perspective from developmental biology. *Nature Reviews Neuroscience, 10*, 724.
Rebbeck, C. A., Thomas, R., Breen, M., Leroi, A. M., & Burt A. (2009) Origins and evolution of a transmissible cancer. *Evolution, 63*, 2340.
Schwartz, M. W. & Porte, D. Jr. (2005) Diabetes, obesity, and the brain. *Science, 307*, 375.
Sprouffsk, E. K. & Maley, C. C. (2007) Animal cell differentiation patterns suppress somatic evolution. *PLoS Computational Biology, 3*, e250.
Takahashi, K. & Yamanaka, S. (2006) Induction of pluripotent stem cells from mouse embryonic and adult fibroblast cultures by defined factors. *Cell, 126*, 663.
Thomas, R., et al. (2009) Extensive conservation of genomic imbalances in canine transmissible venereal tumors (CTVT) detected by microarray-based CGH analysis. *Chromosome Research, 17*, 927.
Tomasetti, C. & Vogelstein, B. (2015) Cancer etiology: Variation in cancer risk among tissues can be explained by the number of stem cell divisions. *Science, 347*, 78.
Tomasetti, C., Li, L., & Vogelstein. B. (2017) Stem cell divisions, somatic mutations, cancer etiology, and cancer prevention. *Science, 355*, 1330.
Xiong, Y. & Eickbush, T. H. (1990) Origin and evolution of retroelements based upon their reverse transcriptase sequences. *EMBO Journal, 9*, 335.
Yoshida, Y. & Yamanaka, S. (2017) Induced pluripotent stem cells 10 years later: For cardiac applications. *Circulation Research, 120*, 1958.
Yu, J., Hu, K., Smuga-Otto, K., Tian, S., Stewart, R., Slukvin, I. I., & Thomson, J. A. (2009) Human induced pluripotent stem cells free of vector and transgene sequences. *Science, 324*, 79.

第6章

Burt, A. (2003) Site-specific selfish genes as tools for the control and genetic engineering of natural populations. *Proceedings of the Royal Society of London, B. 270*, 921.
Gantz, V. M., et al. (2012) Offspring from oocytes derived from in vitro primordial germ cell-like cells in mice. *Science, 338*, 971.
Gantz, V. M., et al. (2015) Highly efficient Cas9-mediated gene drive for population modification of the malaria vector mosquito Anopheles stephensi. *PNAS, 112*, E6736.
Hammond, A., et al. (2016) A CRISPR-Cas9 gene drive system targeting female reproduction in the malaria mosquito vector Anopheles gambiae. *Nature Biotechnology, 34*, 78.
Hayashi, K., Ohta, H., Kurimoto, K., Aramaki, S., & Saitou, M. (2011) Reconstitution of the mouse germ cell specification pathway in culture by pluripotent stem cells. *Cell, 146*, 519.
Hedges, L. M., Brownlie, J. C., O'Neill, S. L., & Johnson, K. N. (2008) Wolbachia and virus

protection in insects. *Science, 322*, 702.
Isaacs, A. T., et al. (2011) Engineered resistance to Plasmodium falciparum development in transgenic Anopheles stephensi. *PLoS Pathogens, 7*, e1002017.
Isaacs, A. T., et al. (2012) Transgenic Anopheles stephensi coexpressing single-chain antibodies resist Plasmodium falciparum development. *PNAS, 109*, E1922-E1930.
Ledford, H. (2015) Where in the world could the first CRISPR baby be born? *Nature, 526*, 310.
Li, H., Ulge, U. Y., Hovde, B. T,, Doyle, L. A., & Monnat, R. J. Jr. (2012) Comprehensive homing endonuclease target site specificity profiling reveals evolutionary constraints and enables genome engineering applications. *Nucleic Acids Research, 40*, 2587.
Liang, P. (2015) CRISPR/Cas9-mediated gene editing in human tripronuclear zygotes. *Protein Cell, 6*, 363.
Nawy, T. (2016) Driving out malaria. *Nature Methods, 13*, 111.

第7章

Adamala, K. & Szostak, J. W. (2013) Nonenzymatic template-directed RNA synthesis inside model protocells. *Science, 342*, 1098.
Annaluru, N., et al. (2014) Total synthesis of a functional designer eukaryotic chromosome. *Science, 344*, 55.
Budin, I., Debnath, A., & Szostak, J. W. (2012) Concentration-driven growth of model protocell membranes. *Journal of the American Chemical Society, 134*, 20812.
Duggin, I. G. (2015) CetZ tubulin-like proteins control archaeal cell shape. *Nature, 519*, 362.
Gibson, D. G. & Venter, J. C., (2014) Synthetic biology: Construction of a yeast chromosome. *Nature, 509*, 168.
Glass, J. I., et al. (2006) Essential genes of a minimal bacterium. *PNAS, 103*, 425.
Karas, B. J., et al. (2015) Designer diatom episomes delivered by bacterial conjugation. *Nature Communications, 6*, 6925.
Pressman, A., Blanco, C., & Chen, I. A. (2015) The RNA world as a model system to study the origin of life. *Current Biology, 25*, R953.
Schrum, J. P., Zhu, T. F., & Szostak, J. W. (2010) The origins of cellular life. *Cold Spring Harbor Perspectives in Biology, 2*, a002212.
Suzuki, Y., et al. (2015) Bacterial genome reduction using the progressive clustering of deletions via yeast sexual cycling. *Genome Research, 25*, 4354.
Vaidya, N., Manapat, M. L,, Chen, I. A., Xulvi-Brunet, R., Hayden, E. J., & Lehman, N. (2012) Spontaneous network formation among cooperative RNA replicators. *Nature, 491*, 72.

第8章

フランソワ・ジャコブ／島原武・松井喜三訳 (1977)『生命の論理』みすず書房
フランソワ・ジャコブ／田村俊秀・安田純一訳 (1994)『可能世界と現実世界 ── 進化論をめぐって』みすず書房
フランソワ・ジャコブ／原章二訳 (2000)『ハエ・マウス・ヒト』みすず書房
J. モノー／渡辺格・村上光彦訳 (1972)『偶然と必然』みすず書房

Apic, G., Robert, B., & Russell, R. B. (2010) Domain recombination: A workhorse for evolutionary innovation. *Science Signaling, 3*, pe30.
Ayala, F. J. (2007) Darwin's greatest discovery: Design without designer. *PNAS, 104*, Suppl. 1, 8567.
Bornberg-Bauer, E. (2010) Signals: Tinkering with domains. *Science Signaling, 3*, pe31.
Burga, A. & Lehner, B. (2012) Beyond genotype to phenotype: Why the phenotype of an individual cannot always be predicted from their genome sequence and the environment that they experience. *FEBS Journal, 279*, 3765.
Davies, J. (2009) Regulation, necessity, and the misinterpretation of knockouts. *Bioessays, 31*, 826.
Enard, W., et al. (2009) A humanized version of Foxp2 affects cortico-basal ganglia circuits in mice. *Cell, 137*, 961.
Fisher, S. E. & Ridley, M. (2013) Evolution. Culture, genes, and the human revolution. *Science, 340*, 929.
Fisher, S. E. & Scharff, C. (2009) FOXP2 as a molecular window into speech and language. *Trends in Genetics, 25*, 166.
Gu, Z., et al. (2003) Role of duplicate genes in genetic robustness against null mutations. *Nature, 421*, 63.
Hillenmeyer, M. E., et al. (2008) The chemical genomic portrait of yeast: Uncovering a phenotype for all genes. *Science, 320*, 362.
Jacob, F. (1977) Evolution and tinkering. *Science, 196*, 1161.
Marouli, E. et al. (2017) Rare and low-frequency coding variants alter human adult height. *Nature, 542*, 186.
Noble, D. (2011) Neo-Darwinism, the modern synthesis and selfish genes: Are they of use in physiology? *Journal of Physiology, 589*, 1007.
Noble, D. (2015) Evolution beyond neo-Darwinism: A new conceptual framework. *Journal of Experimental Biology, 218*, 7.
Papp, B., Pál, C., & Hurst, L. D. (2004) Metabolic network analysis of the causes and evolution of enzyme dispensability in yeast. *Nature, 429*, 661.
Shapiro, J. A. (2009) Revisiting the central dogma in the 21st century. *Annals of the New York Academy of Sciences, 78*, 6.
Sutter, N. B. (2007) A single IGF1 allele is a major determinant of small size in dogs. *Science, 316*, 112.

エピローグ

帯刀益夫 (2010)『われわれはどこから来たのか、われわれは何者か、われわれはどこへ行くのか』早川書房
帯刀益夫 (2014)『遺伝子と文化選択 ―― 「サル」から「人間」への進化』新曜社
Whitman, W. B., Coleman, D. C., & Wiebe, W. J. (1998) Perspective prokaryotes: The unseen majority. *PNAS, 95*, 6578.